Florian Ion   &   Relly Victoria
PETRESCU

MECATRONICA
- SISTEME
SERIALE
ŞI
PARALELE

USA 2012

Scientific reviewer:

Dr. Veturia CHIROIU
Honorific member of
Technical Sciences Academy of Romania (ASTR)
PhD supervisor in Mechanical Engineering

Copyright

Title book: Mecatronica - Sisteme Seriale si Paralele

Authors book: Florian Ion PETRESCU &
Relly Victoria PETRESCU

ISBN 978-1-4750-6613-5

WELCOME

CELE TREI LEGI FUNDAMENTALE ALE ROBOŢILOR

1. Robotul n-are voie să pricinuiască vreun rău omului sau să îngăduie, prin neintervenţie, să i se întâmple ceva unei fiinţe umane.

2. Robotul trebuie să asculte poruncile omului, dar numai atunci când ele nu contrazic legea 1.

3. Robotul trebuie să-şi apere existenţa, dar numai atunci când grija de sine nu contrazice legea 1 sau legea 2.

Structurile seriale cele mai utilizate, conţin în marea lor majoritate o componentă de bază, 3R, din care două rotaţii se situează într-un plan, astfel încât se poate trece de la studiul spaţial la cel plan, uşurându-se astfel mult modalităţile de calcul. Pentru lanţul cinematic reprezentând cele două rotaţii plane, se urmăreşte, structura, geometria, cinematica directă şi inversă, trecerea de la mişcarea plană la cea spaţială, echilibrarea statică totală, cinetostatica lanţului echilibrat, dinamica lanţului echilibrat, cinematica dinamică directă şi inversă.

Cu stimă şi respect,   autorii.

CUPRINS

Cap 01_Structura sistemelor mecanice mobile, seriale

Cele mai utilizate structuri seriale în ultimii 20-30 ani sunt cele de tip 3R, 4R, 5R, 6R, în componența cărora intră obligatoriu lanțul cinematic de bază 3R, robot antropomorf (RRR), unde mișcarea de rotație principală în jurul unei axe verticale, antrenează întreaga construcție.

Există apoi un lanț cinematic de bază care are două rotații cinematice (două actuatoare, adică două motoare) care lucrează permanent într-un singur plan, și care urmează imediat după suportul principal care susține și rotește vertical întregul ansamblu.

Această structură de bază, 3R, o întâlnim la toți roboții seriali fabricați pe principiul rotațiilor. Suportul vertical este mereu același, dar lanțul cinematic care urmează, cu cele două rotații situate într-un plan, poate fi poziționat vertical (cel mai adesea; cazul roboților antropomorfi, fig. 1b), sau orizontal (cazul roboților scară, fig. 1a).

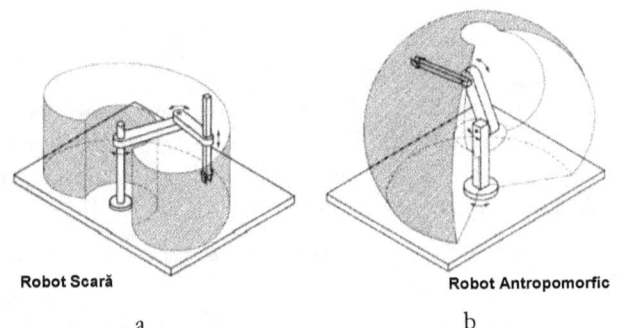

Robot Scară　　　　　　　　　　**Robot Antropomorfic**

a　　　　　　　　　　　　　　　b

Fig. 1. *Structuri de bază 3R (a-structură scară; b-structură antropomorfă)*

Se poate astfel trece de la studiul mișcării spațiale, care este mai dificil, la studiul mișcării plane, mișcare de bază, pentru toți roboții și manipulatorii seriali cu mișcări de rotație.

Mișcarea plană, verticală sau orizontală, se studiază mult mai ușor decât cea spațială, având avantajul integrării simple în spațiul din care face parte.

În continuare vom exemplifica structura de bază existentă în câteva platforme seriale de rotație, acestea fiind cele mai generalizate (cele mai răspândite) la ora actuală.

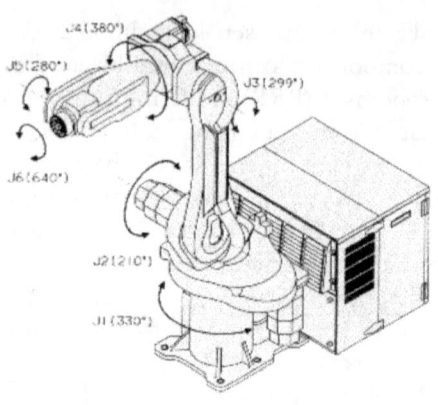

Fig. 2. *Structură 6R (structură antropomorfă)*

Pe acest model de bază (3R) s-au dezvoltat în continuare roboţii 6R de astăzi (fig. 2, bazaţi numai pe rotaţii, utilizând ca acţionare numai motoare electrice uşoare, compacte); aceştia au o rigiditate mai mare păstrând totodată penetraţia şi flexibilitatea modelelor 3R, 4R, şi 5R.

Aproape toate firmele importante vin astăzi cu modele 6R (pe care le îmbunătăţesc în permanenţă).

De ce s-au impus azi aceste modele de roboţi (după ce zeci de ani diversitatea a fost cuvântul de ordine?); poate şi din nevoia de standardizare, sau de a găsi o soluţie comună, după o fragmentare uriaşă (oricum nu sunt încă singurii roboţi utilizaţi din categoria serialilor, dar au cea mai largă răspândire).

Cele şase rotaţii (eliminarea totală a translaţiilor, care aduc multe dezavantaje datorate cuplei T în sine) fac acţionarea mai simplă, mai rapidă, cu randament mai ridicat, mai fiabilă, mai compactă şi mai sigură; rotaţiile de bază, rămân tot primele trei, celelalte trei rotaţii (suplimentare) având rolul de a poziţiona mai bine dispozitivul final, endefectorul. Rezultă şi de aici că studiul de bază (necesar) rămâne tot cel pentru un 3R.

Acelaşi lucru se poate vedea şi în modelele cele mai noi ale diverselor firme producătoare de roboţi (fig. 3, Kawasaki, Romat, Fanuc, Motoman, Kuka, etc). Şi structurile utilizate în interiorul celulelor robotizate sunt construite în general în mod asemănător.

Kawasaki   Romat   FANUC

MOTOMAN   KUKA

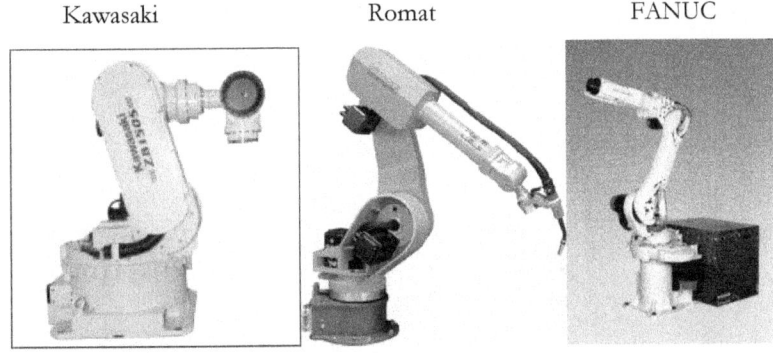

Se mai folosesc azi şi celule robotizate pregătite special pentru un anumit tip de operaţii.

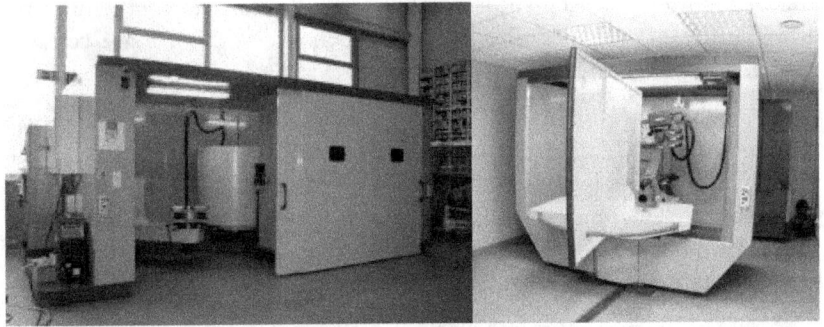

Fig. 3. *Diverse structuri 6R moderne (antropomorfe)*

În figura 4 este prezentată schema geometro-cinematică a unei structuri de bază 3R.

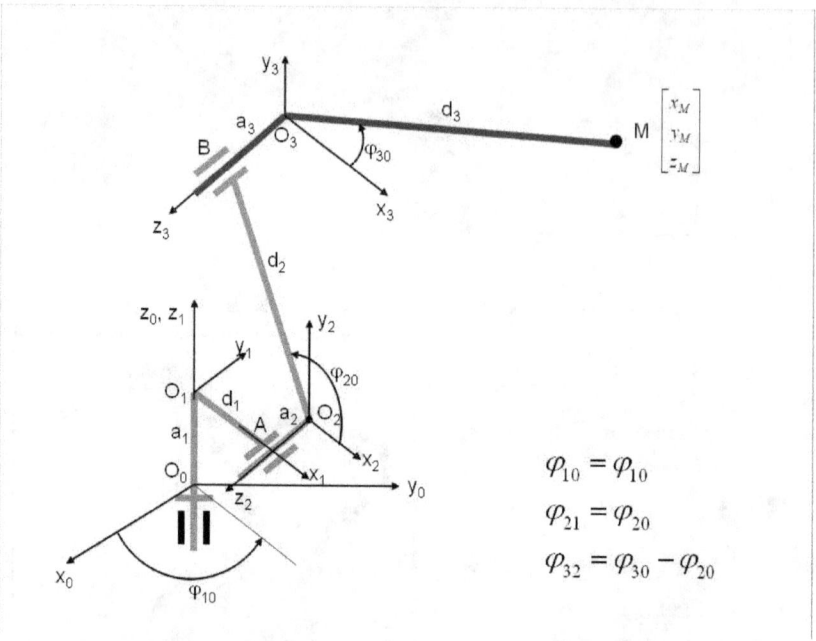

Fig. 4. *Schema geometro-cinematică a unei structuri 3R moderne (antropomorfe)*

Pornind de la această platformă se poate studia prin adaus orice altă schemă, n-R modernă.

Platforma (sistemul) din figura 4, are trei grade de mobilitate, realizate prin trei actuatoare (motoare electrice) sau actuatori. Primul motor electric antrenează întregul sistem într-o mișcare de rotație în jurul unui ax vertical O_0z_0. Motorul (actuatorul) numărul 1, este montat pe elementul fix (batiu, 0) și antrenează elementul mobil 1 într-o mișcare de rotație, în jurul unui ax vertical. Pe elementul mobil 1, se construiesc apoi toate celelalte elemente (componente) ale sistemului.

Urmează un lanț cinematic plan (vertical), format din două elemente mobile și două cuple cinematice motoare. E vorba de elementele cinematice mobile 2 și 3, ansamblul 2,3 fiind mișcat de actuatorul al doilea montat în cupla A, fix pe elementul 1. Deci al doilea motor electric fixat de elementul 1 va antrena elementul 2 în mișcare de rotație relativă față de elementul 1, dar automat el va mișca întregul lanț cinematic 2-3.

Ultimul actuator (motor electric) fixat de elementul 2, în B, va roti elementul 3 (relativ în raport cu 2).

Rotația φ_{10} realizată de primul actuator, este și relativă (între elementele 1 și 0) și absolută (între elementele 1 și 0).

Rotația φ_{20} realizată de al doilea actuator, este și relativă (între elementele 2 și 1) și absolută (între elementele 2 și 0), datorită poziționării sistemului.

Rotația $\theta=\varphi_{32}$ realizată de al treilea actuator, este doar relativă (între elementele 3 și 2), cea absolută corespunzătoare (între elementele 3 și 0) fiind o funcție de $\theta=\varphi_{32}$ și de φ_{20}.

Lanțul cinematic 2-3 (format din elementele cinematice mobile 2 și 3) este un lanț cinematic plan, care se încadrează într-un singur plan sau în unul sau mai multe plane paralele. El reprezintă un sistem cinematic aparte, care va fi studiat separat. Se va considera elementul 1 de care este prins lanțul cinematic 2-3 ca fiind fix, cuplele cinematice motoare $A(O_2)$ și $B(O_3)$ devenind prima cuplă fixă, iar cea dea doua cuplă mobilă, ambele fiind cuple cinematice C5, de rotație.

Pentru determinarea gradului de mobilitate al lanțului cinematic plan 2-3, se aplică formula structurală dată de relația (1), unde m reprezintă numărul elementelor mobile ale lanțului cinematic plan, în cazul nostru m=2 (fiind vorba de cele două elemente cinematice mobile notate cu 2 și respectiv 3), iar C_5 reprezintă numărul cuplelor cinematice de clasa a cincea, în cazul de față $C_5=2$ (fiind vorba de cuplele A și B sau O_2 și O_3).

$$M_3 = 3 \cdot m - 2 \cdot C_5 = 3 \cdot 2 - 2 \cdot 2 = 6 - 4 = 2 \qquad (1)$$

Lanțul cinematic 2-3 având gradul de mobilitate 2, trebuie să fie acționat de două motoare.

Se preferă ca cei doi actuatori să fie două motoare electrice, de curent continuu, sau alternativ. Acționarea se poate realiza însă și cu altfel de motoare. Motoare hidraulice, pneumatice, sonice, etc.

Schema structurală a lanțului cinematic plan 2-3 (fig. 5) seamănă cu schema sa cinematică.

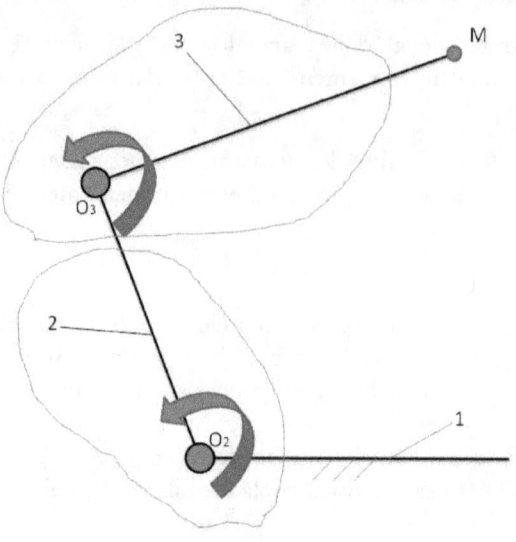

Fig. 5. *Schema structurală a lanțului cinematic plan 2-3 legat la elementul 1 considerat fix*

Elementul conducător 2 este legat de elementul considerat fix 1 prin cupla motoare O_2, iar elementul conducător 3 este legat de elementul mobil 2 prin cupla motoare O_3.

Rezultă un lanț cinematic deschis cu două grade de mobilitate, realizate de cele două actuatoare, adică de cele două motoare electrice, montate în cuplele cinematice motoare A și B sau O_2 respectiv O_3.

Cap 02-03_Cinematica directă a lanțului plan 2-3

În figura 6 se poate urmări schema cinematică a lanțului plan 2-3 deschis.

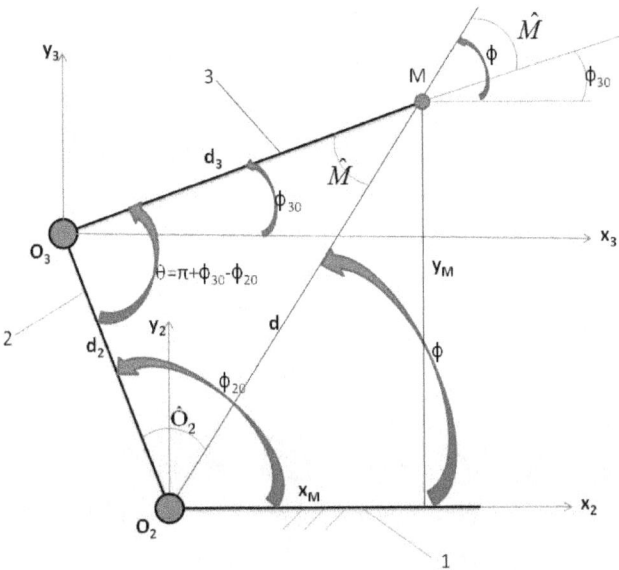

Fig. 6. *Schema cinematică a lanțului cinematic plan 2-3 legat la elementul 1 considerat fix*

În cinematica directă se cunosc parametrii cinematici φ_{20} și φ_{30} și trebuiesc determinați prin calcul analitic parametrii x_M și y_M, care reprezintă coordonatele scalare ale punctului M (endefectorul M). Se proiectează vectorii $d_2 + d_3$ pe sistemul de axe cartezian considerat fix, xOy, identic cu $x_2O_2y_2$. Se obține sistemul de ecuații scalare (2).

$$\begin{cases} x_{2M} \equiv x_M = x_{O_3} + x_{3M} = d_2 \cdot \cos\varphi_{20} + d_3 \cdot \cos\varphi_{30} = d \cdot \cos\varphi \\ y_{2M} \equiv y_M = y_{O_3} + y_{3M} = d_2 \cdot \sin\varphi_{20} + d_3 \cdot \sin\varphi_{30} = d \cdot \sin\varphi \end{cases} \quad (2)$$

După ce se determină coordonatele carteziene ale punctului M cu ajutorul relațiilor date de sistemul (2), se pot obține imediat și parametrii unghiului φ cu ajutorul relațiilor stabilite în cadrul sistemului (3).

11

$$\begin{cases} d^2 = x_M^2 + y_M^2 \\ d = \sqrt{x_M^2 + y_M^2} \\ \cos\varphi = \dfrac{x_M}{d} = \dfrac{x_M}{\sqrt{x_M^2 + y_M^2}} \\ \sin\varphi = \dfrac{y_M}{d} = \dfrac{y_M}{\sqrt{x_M^2 + y_M^2}} \\ \varphi = semn(\sin\varphi) \cdot \arccos(\cos\varphi) \end{cases} \tag{3}$$

Sistemul (2) se scrie mai concis în forma (4) care se derivează în funcţie de timp, obţinându-se sistemul de viteze (5), care derivat cu timpul generează la rândul său sistemul de acceleraţii (6).

$$\begin{cases} x_M = d_2 \cdot \cos\varphi_{20} + d_3 \cdot \cos\varphi_{30} = \\ \quad = d_2 \cdot \cos\varphi_{20} + d_3 \cdot \cos(\theta + \varphi_{20} - \pi) \\ y_M = d_2 \cdot \sin\varphi_{20} + d_3 \cdot \sin\varphi_{30} = \\ \quad = d_2 \cdot \sin\varphi_{20} + d_3 \cdot \sin(\theta + \varphi_{20} - \pi) \end{cases} \tag{4}$$

$$\begin{cases} v_M^x \equiv \dot{x}_M = -d_2 \cdot \sin\varphi_{20} \cdot \omega_{20} - d_3 \cdot \sin\varphi_{30} \cdot \omega_{30} = \\ \quad = -d_2 \cdot \sin\varphi_{20} \cdot \omega_{20} - d_3 \cdot \sin\varphi_{30} \cdot (\dot{\theta} + \omega_{20}) \\ v_M^y \equiv \dot{y}_M = d_2 \cdot \cos\varphi_{20} \cdot \omega_{20} + d_3 \cdot \cos\varphi_{30} \cdot \omega_{30} = \\ \quad = d_2 \cdot \cos\varphi_{20} \cdot \omega_{20} + d_3 \cdot \cos\varphi_{30} \cdot (\dot{\theta} + \omega_{20}) \end{cases} \tag{5}$$

$$\begin{cases} a_M^x \equiv \ddot{x}_M = -d_2 \cdot \cos\varphi_{20} \cdot \omega_{20}^2 - d_3 \cdot \cos\varphi_{30} \cdot \omega_{30}^2 = \\ \quad = -d_2 \cdot \cos\varphi_{20} \cdot \omega_{20}^2 - d_3 \cdot \cos\varphi_{30} \cdot (\dot{\theta} + \omega_{20})^2 \\ a_M^y \equiv \ddot{y}_M = -d_2 \cdot \sin\varphi_{20} \cdot \omega_{20}^2 - d_3 \cdot \sin\varphi_{30} \cdot \omega_{30}^2 = \\ \quad = -d_2 \cdot \sin\varphi_{20} \cdot \omega_{20}^2 - d_3 \cdot \sin\varphi_{30} \cdot (\dot{\theta} + \omega_{20})^2 \end{cases} \tag{6}$$

Observație: vitezele unghiulare ale actuatorilor s-au considerat constante (relațiile 7).

$$\dot{\varphi}_{20} = \omega_{20} = ct; \quad \dot{\theta} = ct \Rightarrow si \quad \omega_{30} = ct.$$

$$Se \quad considerã \quad \varepsilon_{20} = \ddot{\theta} = \varepsilon_{30} = 0.$$

(7)

Relațiile (3) se derivează și ele și se obțin sistemul de viteze (8) și cel de accelerații (9).

$$
\begin{cases}
d^2 = x_M^2 + y_M^2 \\[2mm]
2 \cdot d \cdot \dot{d} = 2 \cdot x_M \cdot \dot{x}_M + 2 \cdot y_M \cdot \dot{y}_M \\[2mm]
d \cdot \dot{d} = x_M \cdot \dot{x}_M + y_M \cdot \dot{y}_M \\[4mm]
\dot{d} = \dfrac{x_M \cdot \dot{x}_M + y_M \cdot \dot{y}_M}{d} \\[4mm]
d \cdot \cos\varphi = x_M \\[2mm]
d \cdot \sin\varphi = y_M \\[2mm]
\dot{d} \cdot \cos\varphi - d \cdot \sin\varphi \cdot \dot{\varphi} = \dot{x}_M \mid \cdot(-\sin\varphi) \\[2mm]
\dot{d} \cdot \sin\varphi + d \cdot \cos\varphi \cdot \dot{\varphi} = \dot{y}_M \mid \cdot(\cos\varphi) \\[2mm]
\rule{6cm}{0.4pt} \\[2mm]
d \cdot \dot{\varphi} = \dot{x}_M \cdot (-\sin\varphi) + \dot{y}_M \cdot (\cos\varphi) \\[4mm]
\dot{\varphi} = \dfrac{\dot{y}_M \cdot \cos\varphi - \dot{x}_M \cdot \sin\varphi}{d} \\[4mm]
\rule{6cm}{0.4pt} \\[2mm]
\dot{d} = \dfrac{x_M \cdot \dot{x}_M + y_M \cdot \dot{y}_M}{d}
\end{cases}
$$

(8)

$$\begin{cases}
d^2 = x_M^2 + y_M^2 \\[6pt]
2 \cdot d \cdot \dot{d} = 2 \cdot x_M \cdot \dot{x}_M + 2 \cdot y_M \cdot \dot{y}_M \\[6pt]
d \cdot \dot{d} = x_M \cdot \dot{x}_M + y_M \cdot \dot{y}_M \\[6pt]
\dot{d}^2 + d \cdot \ddot{d} = \dot{x}_M^2 + x_M \cdot \ddot{x}_M + \dot{y}_M^2 + y_M \cdot \ddot{y}_M \\[12pt]
\rule{8cm}{0.4pt} \\[6pt]
\ddot{d} = \dfrac{\dot{x}_M^2 + x_M \cdot \ddot{x}_M + \dot{y}_M^2 + y_M \cdot \ddot{y}_M - \dot{d}^2}{d} \\[18pt]
\rule{8cm}{0.4pt} \\[6pt]
d \cdot \cos\varphi = x_M \\[6pt]
d \cdot \sin\varphi = y_M \\[6pt]
\dot{d} \cdot \cos\varphi - d \cdot \sin\varphi \cdot \dot{\varphi} = \dot{x}_M \mid \cdot(-\sin\varphi) \\[6pt]
\dot{d} \cdot \sin\varphi + d \cdot \cos\varphi \cdot \dot{\varphi} = \dot{y}_M \mid \cdot(\cos\varphi) \\[6pt]
\rule{8cm}{0.4pt} \\[6pt]
d \cdot \dot{\varphi} = -\dot{x}_M \cdot \sin\varphi + \dot{y}_M \cdot \cos\varphi \\[12pt]
\dot{d} \cdot \dot{\varphi} + d \cdot \ddot{\varphi} = \ddot{y}_M \cdot \cos\varphi - \dot{y}_M \cdot \sin\varphi \cdot \dot{\varphi} - \\
\quad - \ddot{x}_M \cdot \sin\varphi - \dot{x}_M \cdot \cos\varphi \cdot \dot{\varphi} \\[12pt]
\ddot{\varphi} = \dfrac{\ddot{y}_M \cdot \cos\varphi - \ddot{x}_M \cdot \sin\varphi - \dot{y}_M \cdot \sin\varphi \cdot \dot{\varphi} - \dot{x}_M \cdot \cos\varphi \cdot \dot{\varphi} - \dot{d} \cdot \dot{\varphi}}{d} \\[18pt]
\rule{8cm}{0.4pt} \\[6pt]
\ddot{d} = \dfrac{\dot{x}_M^2 + x_M \cdot \ddot{x}_M + \dot{y}_M^2 + y_M \cdot \ddot{y}_M - \dot{d}^2}{d}
\end{cases} \qquad (9)$$

În continuare se vor determina poziţiile, vitezele şi acceleraţiile, în funcţie de poziţiile scalare ale punctului O_3.

Se porneşte de la coordonatele scalare ale punctului O_3 (10).

$$\begin{cases} x_{O_3} = d_2 \cdot \cos \varphi_{20} \\ y_{O_3} = d_2 \cdot \sin \varphi_{20} \end{cases} \tag{10}$$

Se determină apoi vitezele scalare, și accelerațiile punctului O_3, prin derivarea succesivă a sistemului (10), în care se înlocuiesc după derivare produsele d.cos sau d.sin cu pozițiile respective, x_{O3} sau y_{O3}, care devin în acest fel variabile (a se vedea relațiile 11 și 12).

$$\begin{cases} \dot{x}_{O_3} = -d_2 \cdot \sin \varphi_{20} \cdot \omega_{20} = -y_{O_3} \cdot \omega_{20} \\ \dot{y}_{O_3} = d_2 \cdot \cos \varphi_{20} \cdot \omega_{20} = x_{O_3} \cdot \omega_{20} \end{cases} \tag{11}$$

$$\begin{cases} \ddot{x}_{O_3} = -d_2 \cdot \cos \varphi_{20} \cdot \omega_{20}^2 = -x_{O_3} \cdot \omega_{20}^2 \\ \ddot{y}_{O_3} = -d_2 \cdot \sin \varphi_{20} \cdot \omega_{20}^2 = -y_{O_3} \cdot \omega_{20}^2 \end{cases} \tag{12}$$

S-au pus astfel în evidență vitezele și accelerațiile scalare ale punctului O_3 în funcție de pozițiile inițiale (scalare) și de viteza unghiulară absolută a elementului 2. Viteza unghiulară s-a considerat constantă.

Aplicații:

Tehnica determinării vitezelor și accelerațiilor în funcție de poziții, este extrem de utilă în studiul dinamicii sistemului, a vibrațiilor și zgomotelor provocate de sistemul respectiv. Această tehnică este des întâlnită în studiul vibrațiilor sistemului. Se cunosc vibrațiile pozițiilor scalare ale punctului O_3 și se determină apoi cu ușurință vibrațiile vitezelor și accelerațiilor punctului respectiv cât și a altor puncte ale sistemului toate ca funcții de pozițiile scalare cunoscute ale punctului O_3. Tot prin această tehnică se pot calcula nivelele de zgomot locale în diverse puncte ale sistemului, cât și nivelul global de zgomot generat de sistem, cu o aproximație suficient de mare în comparație cu zgomotele obținute prin măsurători experimentale, cu aparatura adecvată. Studiul dinamicii sistemului poate fi dezvoltat și prin această tehnică.

Viteza absolută a punctului O_3 (modulul vitezei) este dată de relația (13).

$$v_{O_3} = \sqrt{\dot{x}_{O_3}^2 + \dot{y}_{O_3}^2} = \sqrt{d_2^2 \cdot \omega_{20}^2 \cdot \sin^2 \varphi_{20} + d_2^2 \cdot \omega_{20}^2 \cdot \cos^2 \varphi_{20}} =$$
$$= \sqrt{d_2^2 \cdot \omega_{20}^2} = d_2 \cdot \omega_{20} \tag{13}$$

Acceleraţia absolută a punctului O_3 pentru viteză unghiulară constantă, este dată de relaţia (14).

$$a_{O_3} = \sqrt{\ddot{x}_{O_3}^2 + \ddot{y}_{O_3}^2} = \sqrt{d_2^2 \cdot \omega_{20}^4 \cdot \cos^2 \varphi_{20} + d_2^2 \cdot \omega_{20}^4 \cdot \sin^2 \varphi_{20}} =$$
$$= \sqrt{d_2^2 \cdot \omega_{20}^4} = d_2 \cdot \omega_{20}^2 \tag{14}$$

În continuare se vor determina parametrii cinematici scalari ai punctului M, endefector, în funcţie şi de parametrii de poziţie ai punctelor O_3 şi M (sistemele de relaţii 15-17) .

$$\begin{cases} x_M = x_{O_3} + d_3 \cdot \cos \varphi_{30} \\ y_M = y_{O_3} + d_3 \cdot \sin \varphi_{30} \\ d_3 \cdot \cos \varphi_{30} = x_M - x_{O_3} \\ d_3 \cdot \sin \varphi_{30} = y_M - y_{O_3} \end{cases} \tag{15}$$

$$\begin{cases} \dot{x}_M = \dot{x}_{O_3} - d_3 \cdot \sin \varphi_{30} \cdot \dot{\varphi}_{30} = \\ = -y_{O_3} \cdot \omega_{20} + (y_{O_3} - y_M) \cdot (\omega_{20} + \dot{\theta}) = \\ = y_{O_3} \cdot \dot{\theta} - y_M \cdot (\omega_{20} + \dot{\theta}) = (y_{O_3} - y_M) \cdot \dot{\theta} - y_M \cdot \omega_{20} \\ \\ \dot{y}_M = \dot{y}_{O_3} + d_3 \cdot \cos \varphi_{30} \cdot \dot{\varphi}_{30} = \\ = x_{O_3} \cdot \omega_{20} + (x_M - x_{O_3}) \cdot (\omega_{20} + \dot{\theta}) = \\ = x_M \cdot (\omega_{20} + \dot{\theta}) - x_{O_3} \cdot \dot{\theta} = (x_M - x_{O_3}) \cdot \dot{\theta} + x_M \cdot \omega_{20} \\ \dot{y}_{O_3} - \dot{y}_M = -d_3 \cdot \cos \varphi_{30} \cdot (\omega_{20} + \dot{\theta}) \\ \dot{x}_M - \dot{x}_{O_3} = -d_3 \cdot \sin \varphi_{30} \cdot (\omega_{20} + \dot{\theta}) \end{cases} \tag{16}$$

$$\begin{cases}
\ddot{x}_M = (\dot{y}_{O_3} - \dot{y}_M) \cdot \dot{\theta} - \dot{y}_M \cdot \omega_{20} \\[2pt]
\ddot{y}_M = (\dot{x}_M - \dot{x}_{O_3}) \cdot \dot{\theta} + \dot{x}_M \cdot \omega_{20} \\[10pt]
\dot{y}_{O_3} - \dot{y}_M = (x_{O_3} - x_M) \cdot (\omega_{20} + \dot{\theta}) \\[2pt]
\dot{x}_M - \dot{x}_{O_3} = (y_{O_3} - y_M) \cdot (\omega_{20} + \dot{\theta}) \\[10pt]
\ddot{x}_M = (x_{O_3} - x_M) \cdot (\omega_{20} + \dot{\theta}) \cdot \dot{\theta} + (x_{O_3} - x_M) \cdot \dot{\theta} \cdot \omega_{20} - x_M \cdot \omega_{20}^2 \\[2pt]
\ddot{y}_M = (y_{O_3} - y_M) \cdot (\omega_{20} + \dot{\theta}) \cdot \dot{\theta} + (y_{O_3} - y_M) \cdot \dot{\theta} \cdot \omega_{20} - y_M \cdot \omega_{20}^2 \\[10pt]
\ddot{x}_M = 2 \cdot (x_{O_3} - x_M) \cdot \dot{\theta} \cdot \omega_{20} + (x_{O_3} - x_M) \cdot \dot{\theta}^2 - x_M \cdot \omega_{20}^2 \\[2pt]
\ddot{y}_M = 2 \cdot (y_{O_3} - y_M) \cdot \dot{\theta} \cdot \omega_{20} + (y_{O_3} - y_M) \cdot \dot{\theta}^2 - y_M \cdot \omega_{20}^2 \\[10pt]
\ddot{x}_M = (x_{O_3} - x_M) \cdot (2 \cdot \dot{\theta} \cdot \omega_{20} + \dot{\theta}^2) - x_M \cdot \omega_{20}^2 \\[2pt]
\ddot{y}_M = (y_{O_3} - y_M) \cdot (2 \cdot \dot{\theta} \cdot \omega_{20} + \dot{\theta}^2) - y_M \cdot \omega_{20}^2 \\[10pt]
\ddot{x}_M = (x_{O_3} - x_M) \cdot (\omega_{20} + \dot{\theta})^2 - x_{O_3} \cdot \omega_{20}^2 \\[2pt]
\ddot{y}_M = (y_{O_3} - y_M) \cdot (\omega_{20} + \dot{\theta})^2 - y_{O_3} \cdot \omega_{20}^2
\end{cases} \qquad (17)$$

Cap 04-07_Cinematica inversă a lanțului plan 2-3.

În figura 7 se poate urmări schema cinematică a lanțului plan 2-3 deschis.

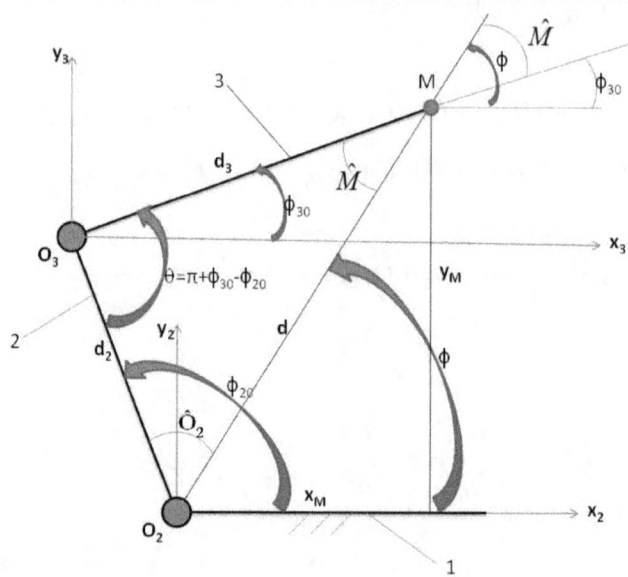

Fig. 7. *Schema cinematică a lanțului cinematic plan 2-3 legat la elementul 1 considerat fix*

În cinematica inversă se cunosc parametrii cinematici x_M și y_M, care reprezintă coordonatele scalare ale punctului M (endefectorul M) și trebuiesc determinați prin calcule analitice parametrii φ_{20} și φ_{30}. Se determină mai întâi parametrii intermediari d și φ cu relațiile (3) deja cunoscute.

$$
\begin{cases}
d^2 = x_M^2 + y_M^2; \quad d = \sqrt{x_M^2 + y_M^2} \\[2mm]
\cos\varphi = \dfrac{x_M}{d} = \dfrac{x_M}{\sqrt{x_M^2 + y_M^2}}; \quad \sin\varphi = \dfrac{y_M}{d} = \dfrac{y_M}{\sqrt{x_M^2 + y_M^2}} \\[2mm]
\varphi = semn(\sin\varphi) \cdot \arccos(\cos\varphi)
\end{cases}
\tag{3}
$$

În triunghiul oarecare O_2O_3M se cunosc lungimile celor trei laturi ale sale, d_2, d_3 (constante) și d (variabilă), astfel încât se pot determina în funcție de lungimile laturilor toate celelalte elemente ale triunghiului, mai exact unghiurile sale, și funcțiile trigonometrice ale lor (ne interesează în mod deosebit sin și cos).

Pentru determinarea unghiurilor φ_{20} si φ_{30} se pot utiliza diverse metode, dintre care se vor prezenta în continuare două dintre ele (ca fiind cele mai reprezentative): metoda trigonometrică și metoda geometrică.

o Metoda Trigonometrică

Determinarea pozițiilor

Se scriu ecuațiile de poziții scalare (18):

$$\begin{cases} d_2 \cdot \cos\varphi_{20} + d_3 \cdot \cos\varphi_{30} = x_M \\ d_2 \cdot \sin\varphi_{20} + d_3 \cdot \sin\varphi_{30} = y_M \\ \cos^2\varphi_{20} + \sin^2\varphi_{20} = 1 \\ \cos^2\varphi_{30} + \sin^2\varphi_{30} = 1 \end{cases} \tag{18}$$

Problema acestor două ecuații scalare, trigonometrice, cu două necunoscute (φ_{20} si φ_{30}) este că ele transced (sunt ecuații trigonometrice, transcedentale, unde necunoscuta nu apare direct φ_{20} ci sub forma $\cos\varphi_{20}$ și $\sin\varphi_{20}$, astfel încât în realitate în cadrul celor două ecuații trigonometrice nu mai avem două necunoscute ci patru: $\cos\varphi_{20}$, $\sin\varphi_{20}$, $\cos\varphi_{30}$ și $\sin\varphi_{30}$). Pentru rezolvarea sistemului avem nevoie de încă două ecuații, astfel încât în sistemul (18) s-au mai adăugat încă două ecuații trigonometrice, mai exact ecuațiile trigonometrice de bază „de aur" cum li se mai zice, pentru unghiul φ_{20} și separat pentru unghiul φ_{30}.

În vederea rezolvării primele două ecuații ale sistemului (18) se scriu sub forma (19).

$$\begin{cases} d_2 \cdot \cos\varphi_{20} - x_M = -d_3 \cdot \cos\varphi_{30} \\ d_2 \cdot \sin\varphi_{20} - y_M = -d_3 \cdot \sin\varphi_{30} \end{cases} \tag{19}$$

Fiecare ecuație a sistemului (19) se ridică la pătrat, după care se însumează ambele ecuații (ridicate la pătrat) și se obține ecuația de forma (20).

$$d_2^2 \cdot (\cos^2 \varphi_{20} + \sin^2 \varphi_{20}) + x_M^2 + y_M^2 - 2 \cdot d_2 \cdot x_M \cdot \cos \varphi_{20} - \\ - 2 \cdot d_2 \cdot y_M \cdot \sin \varphi_{20} = d_3^2 \cdot (\cos^2 \varphi_{30} + \sin^2 \varphi_{30})$$ (20)

Acum este momentul să se utilizeze cele două „ecuații de aur" trigonometrice scrise în finalul sistemului (18), cu ajutorul cărora ecuația (20) capătă forma simplificată (21).

$$d_2^2 + x_M^2 + y_M^2 - 2 \cdot d_2 \cdot x_M \cdot \cos \varphi_{20} - 2 \cdot d_2 \cdot y_M \cdot \sin \varphi_{20} = d_3^2$$ (21)

Se aranjează termenii ecuației (21) în forma mai convenabilă (22).

$$d_2^2 - d_3^2 + x_M^2 + y_M^2 = 2 \cdot d_2 \cdot (x_M \cdot \cos \varphi_{20} + y_M \cdot \sin \varphi_{20})$$ (22)

Se împarte ecuația (22) cu 2.d_2 și rezultă o nouă formă (23).

$$x_M \cdot \cos \varphi_{20} + y_M \cdot \sin \varphi_{20} = \frac{d_2^2 - d_3^2 + x_M^2 + y_M^2}{2 \cdot d_2}$$ (23)

Din figura 7 se observă relația (24) care e scrisă și în sistemul (3).

$$x_M^2 + y_M^2 = d^2$$ (24)

Se introduce (24) în (23) și se amplifică fracția din dreapta cu d, astfel încât expresia (23) să capete forma (25), convenabilă.

$$x_M \cdot \cos \varphi_{20} + y_M \cdot \sin \varphi_{20} = \frac{d_2^2 + d^2 - d_3^2}{2 \cdot d_2 \cdot d} \cdot d$$ (25)

Acum e momentul introducerii expresiei cosinusului unghiului O_2, în funcţie de laturile triunghiului oarecare O_2O_3M (26).

$$\cos \hat{O}_2 = \frac{d_2^2 + d^2 - d_3^2}{2 \cdot d_2 \cdot d} \tag{26}$$

Cu relaţia (26) ecuaţia (25) capătă forma simplificată (27).

$$x_M \cdot \cos \varphi_{20} - d \cdot \cos \hat{O}_2 = -y_M \cdot \sin \varphi_{20} \tag{27}$$

Dorim să eliminăm $\sin \varphi_{20}$, fapt pentru care am izolat termenul în sin, şi se ridică la pătrat ecuaţia (27), pentru ca prin utilizarea ecuaţiei de aur trigonometrice a unghiului φ_{20} să transformăm sin în cos, ecuaţia devenind una de gradul al doilea în $\cos \varphi_{20}$. După ridicarea la pătrat (27) capătă forma (28).

$$x_M^2 \cdot \cos^2 \varphi_{20} + d^2 \cdot \cos^2 \hat{O}_2 - 2 \cdot d \cdot x_M \cdot \cos \hat{O}_2 \cdot \cos \varphi_{20} =$$
$$= y_M^2 \cdot \sin^2 \varphi_{20} \tag{28}$$

Se utilizează formula de aur şi expresia (28) capătă forma (29) care se aranjează convenabil prin gruparea termenilor aducându-se la forma (30).

$$x_M^2 \cdot \cos^2 \varphi_{20} + d^2 \cdot \cos^2 \hat{O}_2 - 2 \cdot d \cdot x_M \cdot \cos \hat{O}_2 \cdot \cos \varphi_{20} =$$
$$= y_M^2 - y_M^2 \cdot \cos^2 \varphi_{20} \tag{29}$$

$$(x_M^2 + y_M^2) \cdot \cos^2 \varphi_{20} - 2 \cdot d \cdot x_M \cdot \cos \hat{O}_2 \cdot \cos \varphi_{20} -$$
$$- (y_M^2 - d^2 \cdot \cos^2 \hat{O}_2) = 0 \tag{30}$$

Discriminantul ecuaţiei (30) de gradul doi în cos obţinute se calculează cu relaţia (31).

$$\Delta = d^2 \cdot x_M^2 \cdot \cos^2 \hat{O}_2 + d^2 \cdot (y_M^2 - d^2 \cdot \cos^2 \hat{O}_2) =$$
$$= d^2 \cdot (x_M^2 \cdot \cos^2 \hat{O}_2 + y_M^2 - d^2 \cdot \cos^2 \hat{O}_2) =$$
$$= d^2 \cdot (y_M^2 - y_M^2 \cdot \cos^2 \hat{O}_2)$$
$$= d^2 \cdot y_M^2 \cdot (1 - \cos^2 \hat{O}_2) = d^2 \cdot y_M^2 \cdot \sin^2 \hat{O}_2$$

(31)

Radicalul de ordinul doi din discriminant se exprimă sub forma (32).

$$R = \sqrt{\Delta} = \sqrt{d^2 \cdot y_M^2 \cdot \sin^2 \hat{O}_2} = d \cdot y_M \cdot \sin \hat{O}_2$$

(32)

Soluțiile ecuației (30) de gradul doi în cos se scriu sub forma (33).

$$\cos \varphi_{20_{1,2}} = \frac{d \cdot x_M \cdot \cos \hat{O}_2 \mp d \cdot y_M \cdot \sin \hat{O}_2}{d^2} =$$
$$= \frac{x_M \cdot \cos \hat{O}_2 \mp y_M \cdot \sin \hat{O}_2}{d} =$$
$$= \frac{x_M}{d} \cdot \cos \hat{O}_2 \mp \frac{y_M}{d} \cdot \sin \hat{O}_2$$

(33)

În continuare în soluțiile (33) se înlocuiesc rapoartele cu funcțiile trigonometrice corespunzătoare ale unghiului φ, expresiile (33) căpătând forma (34).

$$\cos \varphi_{20_{1,2}} = \frac{x_M}{d} \cdot \cos \hat{O}_2 \mp \frac{y_M}{d} \cdot \sin \hat{O}_2 =$$
$$= \cos \varphi \cdot \cos \hat{O}_2 \mp \sin \varphi \cdot \sin \hat{O}_2 = \cos(\varphi \pm \hat{O}_2)$$

(34)

$$\cos \varphi_{20} = \cos(\varphi \pm \hat{O}_2)$$

Ne întoarcem acum la ecuația (27) pe care o ordonăm în forma (35), cu scopul rezolvării ei în sin. Ecuația (35) se ridică la pătrat și prin utilizarea ecuației de aur trigonometrice a unghiului φ_{20} se obține forma (36).

$$x_M \cdot \cos\varphi_{20} = d \cdot \cos\hat{O}_2 - y_M \cdot \sin\varphi_{20} \qquad (35)$$

$$
\begin{cases}
x_M^2 \cdot \cos^2\varphi_{20} = d^2 \cdot \cos^2\hat{O}_2 + y_M^2 \cdot \sin^2\varphi_{20} - \\
-2 \cdot y_M \cdot d \cdot \cos\hat{O}_2 \cdot \sin\varphi_{20} \\
\\
x_M^2 - x_M^2 \cdot \sin^2\varphi_{20} = d^2 \cdot \cos^2\hat{O}_2 + y_M^2 \cdot \sin^2\varphi_{20} - \\
-2 \cdot y_M \cdot d \cdot \cos\hat{O}_2 \cdot \sin\varphi_{20} \\
\\
(x_M^2 + y_M^2) \cdot \sin^2\varphi_{20} - 2 \cdot y_M \cdot d \cdot \cos\hat{O}_2 \cdot \sin\varphi_{20} - \\
-(x_M^2 - d^2 \cdot \cos^2\hat{O}_2) = 0 \\
\\
d^2 \cdot \sin^2\varphi_{20} - 2 \cdot y_M \cdot d \cdot \cos\hat{O}_2 \cdot \sin\varphi_{20} - (x_M^2 - d^2 \cdot \cos^2\hat{O}_2) = 0
\end{cases}
\qquad (36)
$$

Discriminantul ecuației (36) de gradul doi în cos ia forma (37).

$$
\begin{aligned}
\Delta &= y_M^2 \cdot d^2 \cdot \cos^2\hat{O}_2 + d^2 \cdot (x_M^2 - d^2 \cdot \cos^2\hat{O}_2) = \\
&= d^2 \cdot (x_M^2 + y_M^2 \cdot \cos^2\hat{O}_2 - x_M^2 \cdot \cos^2\hat{O}_2 - y_M^2 \cdot \cos^2\hat{O}_2) = \\
&= d^2 \cdot (x_M^2 - x_M^2 \cdot \cos^2\hat{O}_2) = d^2 \cdot x_M^2 \cdot \sin^2\hat{O}_2
\end{aligned}
\qquad (37)
$$

Soluțiile ecuației (36) se scriu sub forma (38).

$$
\begin{aligned}
\sin\varphi_{20} &= \frac{y_M \cdot d \cdot \cos\hat{O}_2 \pm x_M \cdot d \cdot \sin\hat{O}_2}{d^2} = \\
&= \frac{y_M \cdot \cos\hat{O}_2 \pm x_M \cdot \sin\hat{O}_2}{d} = \frac{y_M}{d} \cdot \cos\hat{O}_2 \pm \frac{x_M}{d} \cdot \sin\hat{O}_2 = \\
&= \sin\varphi \cdot \cos\hat{O}_2 \pm \cos\varphi \cdot \sin\hat{O}_2 = \sin(\varphi \pm \hat{O}_2)
\end{aligned}
\qquad (38)
$$

$$\sin\varphi_{20} = \sin(\varphi \pm \hat{O}_2)$$

Am obținut relațiile (39), din care se deduce relația de bază (40).

$$\begin{cases} \cos\varphi_{20} = \cos(\varphi \pm \hat{O}_2) \\ \sin\varphi_{20} = \sin(\varphi \pm \hat{O}_2) \end{cases} \tag{39}$$

$$\varphi_{20} = \varphi \pm \hat{O}_2 \tag{40}$$

Se repetă procedura și pentru determinarea unghiului φ_{30}, pornind din nou de la sistemul (18), în care primele două ecuații transcedentale se rescriu sub forma (41), în vederea eliminării unghiului φ_{20} de data aceasta.

$$\begin{cases} d_2 \cdot \cos\varphi_{20} + d_3 \cdot \cos\varphi_{30} = x_M \\ d_2 \cdot \sin\varphi_{20} + d_3 \cdot \sin\varphi_{30} = y_M \\ \cos^2\varphi_{20} + \sin^2\varphi_{20} = 1 \\ \cos^2\varphi_{30} + \sin^2\varphi_{30} = 1 \end{cases} \tag{18}$$

$$\begin{cases} d_2 \cdot \cos\varphi_{20} = x_M - d_3 \cdot \cos\varphi_{30} \\ d_2 \cdot \sin\varphi_{20} = y_M - d_3 \cdot \sin\varphi_{30} \end{cases} \tag{41}$$

Se ridică cele două ecuații ale sistemului (41) la pătrat și se adună, rezultând ecuația de forma (42), care se aranjează în formele mai convenabile (43) și (44).

$$d_2^2 = x_M^2 + y_M^2 + d_3^2 - 2 \cdot d_3 \cdot x_M \cdot \cos\varphi_{30} - 2 \cdot d_3 \cdot y_M \cdot \sin\varphi_{30} \tag{42}$$

$$x_M \cdot \cos\varphi_{30} + y_M \cdot \sin\varphi_{30} = d \cdot \frac{d^2 + d_3^2 - d_2^2}{2 \cdot d \cdot d_3} \tag{43}$$

$$x_M \cdot \cos\varphi_{30} + y_M \cdot \sin\varphi_{30} = d \cdot \cos\hat{M} \tag{44}$$

Dorim să-l determinăm mai întâi pe cos astfel încât vom izola pentru început termenul în sin, ecuația (44) punându-se sub forma (45), care prin ridicare la pătrat generează expresia (46), expresie ce se aranjează sub forma (47).

$$x_M \cdot \cos \varphi_{30} - d \cdot \cos \hat{M} = -y_M \cdot \sin \varphi_{30} \qquad (45)$$

$$x_M^2 \cdot \cos^2 \varphi_{30} + d^2 \cdot \cos^2 \hat{M} - 2 \cdot d \cdot x_M \cdot \cos \hat{M} \cdot \cos \varphi_{30} =$$
$$= y_M^2 - y_M^2 \cdot \cos^2 \varphi_{30} \qquad (46)$$

$$d^2 \cdot \cos^2 \varphi_{30} - 2 \cdot d \cdot x_M \cdot \cos \hat{M} \cdot \cos \varphi_{30} - (y_M^2 - d^2 \cdot \cos^2 \hat{M}) = 0 \quad (47)$$

Ecuația (47) este o ecuație de gradul II în cos, cu soluțiile date de expresia (48).

$$\cos \varphi_{30} =$$
$$= \frac{d \cdot x_M \cdot \cos \hat{M} \pm \sqrt{d^2 \cdot x_M^2 \cdot \cos^2 \hat{M} + d^2 \cdot (y_M^2 - d^2 \cdot \cos^2 \hat{M})}}{d^2} =$$
$$= \frac{d \cdot x_M \cdot \cos \hat{M} \pm \sqrt{d^2 \cdot y_M^2 \cdot (1 - \cos^2 \hat{M})}}{d^2} =$$
$$= \frac{d \cdot x_M \cdot \cos \hat{M} \pm d \cdot y_M \cdot \sin \hat{M}}{d^2} = \qquad (48)$$
$$= \frac{x_M}{d} \cdot \cos \hat{M} \pm \frac{y_M}{d} \cdot \sin \hat{M} = \cos \varphi \cdot \cos \hat{M} \pm \sin \varphi \cdot \sin \hat{M} =$$
$$= \cos(\varphi \mp \hat{M})$$

$$\cos \varphi_{30} = \cos(\varphi \mp \hat{M})$$

Scriem în continuare ecuația (44) sub forma (49), unde se izolează de data aceasta termenul în cos în vederea eliminării sale, pentru a-l putea determina pe sin.

$$x_M \cdot \cos \varphi_{30} = d \cdot \cos \hat{M} - y_M \cdot \sin \varphi_{30} \qquad (49)$$

Ecuația (49) se ridică la pătrat și se obține ecuația de forma (50), care se aranjează sub forma convenabilă (51).

$$\begin{aligned} x_M^2 \cdot (1 - \sin^2 \varphi_{30}) = \\ = d^2 \cdot \cos^2 \hat{M} + y_M^2 \cdot \sin^2 \varphi_{30} - 2 \cdot y_M \cdot d \cdot \cos \hat{M} \cdot \sin \varphi_{30} \end{aligned} \qquad (50)$$

$$d^2 \cdot \sin^2 \varphi_{30} - 2 \cdot y_M \cdot d \cdot \cos \hat{M} \cdot \sin \varphi_{30} - (x_M^2 - d^2 \cdot \cos^2 \hat{M}) = 0 \quad (51)$$

Expresia (51) este o ecuație de geadul II în sin, care admite soluțiile date de relația (52).

$$\begin{aligned} \sin \varphi_{30} = \\ = \frac{d \cdot y_M \cdot \cos \hat{M} \mp \sqrt{d^2 \cdot y_M^2 \cdot \cos^2 \hat{M} + d^2 \cdot (x_M^2 - d^2 \cdot \cos^2 \hat{M})}}{d^2} = \\ = \frac{d \cdot y_M \cdot \cos \hat{M} \mp \sqrt{d^2 \cdot x_M^2 \cdot (1 - \cos^2 \hat{M})}}{d^2} = \\ = \frac{d \cdot y_M \cdot \cos \hat{M} \mp d \cdot x_M \cdot \sin \hat{M}}{d^2} = \\ = \frac{y_M}{d} \cdot \cos \hat{M} \mp \frac{x_M}{d} \cdot \sin \hat{M} = \sin \varphi \cdot \cos \hat{M} \mp \cos \varphi \cdot \sin \hat{M} = \\ = \sin(\varphi \mp \hat{M}) \end{aligned} \qquad (52)$$

$$\sin \varphi_{30} = \sin(\varphi \mp \hat{M})$$

Se rețin relațiile (53) din care se deduce și expresia (54).

$$\begin{cases} \cos \varphi_{30} = \cos(\varphi \mp \hat{M}) \\ \sin \varphi_{30} = \sin(\varphi \mp \hat{M}) \end{cases} \quad (53) \qquad\qquad \varphi_{30} = \varphi \mp \hat{M} \quad (54)$$

Determinarea vitezelor și accelerațiilor

Determinarea vitezelor

Din sistemul (8) se rețin doar relațiile (55), necesare în studiul vitezelor la cinematica inversă. Se pornește de la relația care leagă cosinusul unghiului $\hat{O}_2$ de laturile triunghiului, relație care se derivează în funcție de timp, și se obține astfel valoarea $\dot{\hat{O}}_2$ scris mai simplu, $\dot{O}_2$ (relațiile 56).

$$\begin{cases} \dot{\varphi} = \dfrac{\dot{y}_M \cdot \cos\varphi - \dot{x}_M \cdot \sin\varphi}{d} \\[2mm] \dot{d} = \dfrac{x_M \cdot \dot{x}_M + y_M \cdot \dot{y}_M}{d} \end{cases} \tag{55}$$

$$\begin{cases} 2 \cdot d_2 \cdot d \cdot \cos O_2 = d_2^2 - d_3^2 + d^2 \\[2mm] 2 \cdot d_2 \cdot \dot{d} \cdot \cos O_2 - 2 \cdot d_2 \cdot d \cdot \sin O_2 \cdot \dot{O}_2 = 2 \cdot d \cdot \dot{d} \Rightarrow \\[2mm] \Rightarrow \dot{O}_2 = \dfrac{d_2 \cdot \dot{d} \cdot \cos O_2 - d \cdot \dot{d}}{d_2 \cdot d \cdot \sin O_2} \end{cases} \tag{56}$$

Se derivează relația (40) și se obține viteza unghiulară $\omega_{20} \equiv \dot{\varphi}_{20}$ (relația 57).

$$\varphi_{20} = \varphi \pm \hat{O}_2 \tag{40}$$

$$\omega_{20} \equiv \dot{\varphi}_{20} = \dot{\varphi} \pm \dot{O}_2 \tag{57}$$

Pentru a-l determina pe ω_{20} (relația 57) avem nevoie de $\dot{\varphi}$ care se calculează din (55), și de $\dot{O}_2$ care se determină din (56). La rândul său $\dot{O}_2$ necesită pentru calculul său $\dot{d}$ care se calculează tot din sistemul (55).

Vitezele de intrare $\dot{x}_M$ si $\dot{y}_M$ se cunosc, sunt impuse ca date de intrare, sau se aleg convenabil, ori se pot calcula pe baza unor criterii impuse.

În mod similar se determină și viteza unghiulară $\omega_{30} \equiv \dot{\varphi}_{30}$.

$$
\begin{cases}
2 \cdot d_3 \cdot d \cdot \cos M = d_3^2 - d_2^2 + d^2 \\
\\
2 \cdot d_3 \cdot \dot{d} \cdot \cos M - 2 \cdot d_3 \cdot d \cdot \sin M \cdot \dot{M} = 2 \cdot d \cdot \dot{d} \Rightarrow \\
\\
\Rightarrow \dot{M} = \dfrac{d_3 \cdot \dot{d} \cdot \cos M - d \cdot \dot{d}}{d_3 \cdot d \cdot \sin M}
\end{cases}
\qquad (58)
$$

Se derivează relația (54) pentru a obține viteza unghiulară $\omega_{30} \equiv \dot{\varphi}_{30}$, (expresia 59). $\dot{\varphi}$ se calculează cu expresia deja cunoscută din sistemul (55), iar $\dot{M}$ se determină din sistemul (58) și cu ajutorul sistemului (55) care-l determină și pe $\dot{d}$.

$$
\varphi_{30} = \varphi \mp \hat{M} \qquad (54)
$$

$$
\omega_{30} \equiv \dot{\varphi}_{30} = \dot{\varphi} \mp \dot{M} \qquad (59)
$$

Determinarea accelerațiilor

Din sistemul (9) se rețin doar relațiile (60), necesare în studiul accelerațiilor în cinematica inversă. Relația din sistemul (56) se derivează a doua oară cu timpul, și se obține sistemul (61).

$$
\begin{cases}
\ddot{\varphi} = \dfrac{\ddot{y}_M \cdot \cos\varphi - \ddot{x}_M \cdot \sin\varphi - \dot{y}_M \cdot \sin\varphi \cdot \dot{\varphi} - \dot{x}_M \cdot \cos\varphi \cdot \dot{\varphi} - \dot{d} \cdot \dot{\varphi}}{d} \\
\\
\ddot{d} = \dfrac{\dot{x}_M^2 + x_M \cdot \ddot{x}_M + \dot{y}_M^2 + y_M \cdot \ddot{y}_M - \dot{d}^2}{d}
\end{cases}
\qquad (60)
$$

$$\begin{cases} 2 \cdot d_2 \cdot d \cdot \cos O_2 = d_2^2 - d_3^2 + d^2 \\[2mm] 2 \cdot d_2 \cdot \dot{d} \cdot \cos O_2 - 2 \cdot d_2 \cdot d \cdot \sin O_2 \cdot \dot{O}_2 = 2 \cdot d \cdot \dot{d} \Rightarrow \\ \Rightarrow d_2 \cdot d \cdot \sin O_2 \cdot \dot{O}_2 = d_2 \cdot \dot{d} \cdot \cos O_2 - d \cdot \dot{d} \\[2mm] \ddot{O}_2 = \dfrac{\ddot{d}d_2 \cos O_2 - \ddot{d}d - 2\dot{d}d_2 \sin O_2 \cdot \dot{O}_2 - dd_2 \cos O_2 \cdot \dot{O}_2^2 - \dot{d}^2}{d_2 \cdot d \cdot \sin O_2} \end{cases} \qquad (61)$$

În continuare se derivează expresia (57) și se obține relația (62), care generează accelerația unghiulară absolută $\varepsilon_2 \equiv \varepsilon_{20}$, care se calculează cu $\ddot{\varphi}$ scos din sistemul (60), și cu $\ddot{O}_2$ scos din sistemul (61), iar pentru determinarea lui $\ddot{O}_2$ mai este necesar $\ddot{d}$ scos tot din (60).

$$\omega_{20} \equiv \dot{\varphi}_{20} = \dot{\varphi} \pm \dot{O}_2 \qquad (57)$$

$$\varepsilon_2 \equiv \varepsilon_{20} = \dot{\omega}_{20} \equiv \ddot{\varphi}_{20} = \ddot{\varphi} \pm \ddot{O}_2 \qquad (62)$$

Acum se derivează a doua oară (58) și se obține sistemul (63).

$$\begin{cases} 2 \cdot d_3 \cdot d \cdot \cos M = d_3^2 - d_2^2 + d^2 \\[2mm] 2 \cdot d_3 \cdot \dot{d} \cdot \cos M - 2 \cdot d_3 \cdot d \cdot \sin M \cdot \dot{M} = 2 \cdot d \cdot \dot{d} \Rightarrow \\ \Rightarrow d_3 \cdot d \cdot \sin M \cdot \dot{M} = d_3 \cdot \dot{d} \cdot \cos M - d \cdot \dot{d} \\[2mm] \ddot{M} = \dfrac{\ddot{d}d_3 \cos M - \ddot{d}d - 2\dot{d}d_3 \sin M \cdot \dot{M} - dd_3 \cos M \cdot \dot{M}^2 - \dot{d}^2}{d_3 \cdot d \cdot \sin M} \end{cases} \qquad (63)$$

Se derivează din nou cu timpul relația (59), și se obține expresia (64) a accelerației unghiulare absolute $\varepsilon_3 \equiv \varepsilon_{30}$ care se determină cu $\ddot{\varphi}$ și $\ddot{M}$.

$\ddot{\varphi}$ se scoate din sistemul (60), iar $\ddot{M}$ se scoate din sistemul (63), și are nevoie și de $\ddot{d}$ care se scoate tot din sistemul (60).

$$\omega_{30} \equiv \dot{\varphi}_{30} = \dot{\varphi} \mp \dot{M} \qquad (59)$$

$$\varepsilon_3 \equiv \varepsilon_{30} = \dot{\omega}_{30} \equiv \ddot{\varphi}_{30} = \ddot{\varphi} \mp \ddot{M} \qquad (64)$$

oo Metoda Geometrică

Determinarea pozițiilor

Se pornește prin scrierea ecuațiilor de poziții, geometrice (geometro-analitice) (65).

Coordonatele scalare (x_M, y_M) ale punctului M (endefectorul) sunt cunoscute, și trebuiesc determinate și coordonatele scalare ale punctului O_3, pe care le vom nota cu (x, y).

Relațiile sistemului (65) se obțin prin scrierea ecuațiilor geometro-analitice ale celor două cercuri, de raze d_3 și respectiv d_2.

$$\begin{cases} (x - x_M)^2 + (y - y_M)^2 = d_3^2 \\ x^2 + y^2 = d_2^2 \end{cases} \qquad (65)$$

Se desfac binoamele primei ecuații a sistemului, se introduce ecuația a doua în prima, se mai utilizează și expresia lui $d^2 = x_M^2 + y_M^2$, se amplifică fracția cu factorul convenabil $d \cdot d_2$, și se obține expresia finală din sistemul (66), care se scrie împreună cu ecuația a doua a sistemului (65) în noul system (67), care trebuie rezolvat.

$$\begin{cases} x_M \cdot x + y_M \cdot y = \dfrac{d_2^2 + d^2 - d_3^2}{2} \\[4mm] x_M \cdot x + y_M \cdot y = d \cdot d_2 \cdot \dfrac{d_2^2 + d^2 - d_3^2}{2 \cdot d \cdot d_2} \\[4mm] x_M \cdot x + y_M \cdot y = d \cdot d_2 \cdot \cos O_2 \end{cases} \qquad (66)$$

$$\begin{cases} x_M \cdot x + y_M \cdot y = d \cdot d_2 \cdot \cos O_2 \\[3mm] x^2 + y^2 = d_2^2 \end{cases} \qquad (67)$$

Din prima ecuație a sistemului (67) se explicitează valoarea lui y, care se ridică și la pătrat (68).

$$\begin{cases} y = \dfrac{d \cdot d_2 \cdot \cos O_2 - x_M \cdot x}{y_M} \\[4mm] y^2 = \dfrac{d^2 \cdot d_2^2 \cdot \cos^2 O_2 + x_M^2 \cdot x^2 - 2 \cdot x_M \cdot d_2 \cdot d \cdot \cos O_2 \cdot x}{y_M^2} \end{cases} \qquad (68)$$

Expresia a doua a lui (68) se introduce în relația a doua a lui (67) și se obține ecuația (69), care se aranjează convenabil sub forma (70).

$$y_M^2 \cdot x^2 + d^2 \cdot d_2^2 \cdot \cos^2 O_2 + x_M^2 \cdot x^2 - \\ - 2 \cdot x_M \cdot d_2 \cdot d \cdot \cos O_2 \cdot x - y_M^2 \cdot d_2^2 = 0 \qquad (69)$$

$$d^2 \cdot x^2 - 2 \cdot x_M \cdot d_2 \cdot d \cdot \cos O_2 \cdot x - d_2^2 \cdot (y_M^2 - d^2 \cdot \cos^2 O_2) = 0 \qquad (70)$$

Ecuația (70) este o ecuație de gradul II în x, care admite soluțiile reale (71).

$$x = \frac{x_M \cdot d_2 \cdot d \cdot \cos O_2}{d^2} \mp$$

$$\mp \frac{\sqrt{x_M^2 \cdot d_2^2 \cdot d^2 \cdot \cos O_2 + d^2 \cdot d_2^2 \cdot (y_M^2 - d^2 \cdot \cos^2 O_2)}}{d^2} =$$

$$= \frac{x_M \cdot d_2 \cdot d \cdot \cos O_2 \mp d_2 \cdot d \cdot y_M \cdot \sqrt{1 - \cos^2 O_2}}{d^2} =$$

$$= \frac{x_M \cdot d_2 \cdot \cos O_2 \mp d_2 \cdot y_M \cdot \sqrt{\sin^2 O_2}}{d} =$$

$$= \frac{x_M \cdot d_2 \cdot \cos O_2 \mp d_2 \cdot y_M \cdot \sin O_2}{d} = \qquad (71)$$

$$= d_2 \cdot \left(\frac{x_M}{d} \cdot \cos O_2 \mp \frac{y_M}{d} \cdot \sin O_2 \right) =$$

$$= d_2 \cdot \left(\cos \varphi \cdot \cos O_2 \mp \sin \varphi \cdot \sin O_2 \right) =$$

$$= d_2 \cdot \cos(\varphi \pm O_2)$$

$$x = d_2 \cdot \cos(\varphi \pm O_2)$$

În continuare se determină și necunoscuta y, introducând valoarea x obținută la (71) în prima relație a sistemului (68). Se obține expresia (72).

$$y = \frac{d \cdot d_2 \cdot \cos O_2 - x_M \cdot d_2 \cdot \left(\frac{x_M}{d} \cdot \cos O_2 \mp \frac{y_M}{d} \cdot \sin O_2 \right)}{y_M} =$$

$$= \frac{d_2 \cdot \left((x_M^2 + y_M^2) \cdot \cos O_2 - x_M^2 \cdot \cos O_2 \pm x_M \cdot y_M \cdot \sin O_2 \right)}{d \cdot y_M} =$$

$$= d_2 \cdot \left(\frac{y_M}{d} \cdot \cos O_2 \pm \frac{x_M}{d} \cdot \sin O_2 \right) = \qquad (72)$$

$$= d_2 \cdot \left(\sin \varphi \cdot \cos O_2 \pm \cos \varphi \cdot \sin O_2 \right) =$$

$$= d_2 \cdot \sin(\varphi \pm O_2)$$

Din (71) şi (72) reţinem doar ultimile expresii concentrate în (73).

$$\begin{cases} x = d_2 \cdot \cos(\varphi \pm O_2) \\ y = d_2 \cdot \sin(\varphi \pm O_2) \end{cases} \qquad (73)$$

Din figura (7) se pot scrie ecuaţiile (74).

$$\begin{cases} x = d_2 \cdot \cos \varphi_{20} \\ y = d_2 \cdot \sin \varphi_{20} \end{cases} \qquad (74)$$

Comparând sistemele (73) şi (74) rezultă sistemul (75), din care se deduce direct relaţia (76).

$$\begin{cases} \cos \varphi_{20} = \cos(\varphi \pm O_2) \\ \sin \varphi_{20} = \sin(\varphi \pm O_2) \end{cases} \qquad (75)$$

$$\varphi_{20} = \varphi \pm O_2 \qquad (76)$$

Determinarea vitezelor

Se pleacă de la sistemul de poziţii (65) care se derivează în funcţie de timp şi se obţine sistemul de viteze (77). Sistemul (77) se rescrie sub forma simplificată (78).

$$\begin{cases} (x - x_M)^2 + (y - y_M)^2 = d_3^2 \\ x^2 + y^2 = d_2^2 \end{cases} \qquad (65)$$

$$\begin{cases} 2 \cdot (x - x_M) \cdot (\dot{x} - \dot{x}_M) + 2 \cdot (y - y_M) \cdot (\dot{y} - \dot{y}_M) = 0 \\ 2 \cdot x \cdot \dot{x} + 2 \cdot y \cdot \dot{y} = 0 \end{cases} \qquad (77)$$

$$\begin{cases} (x - x_M) \cdot \dot{x} + (y - y_M) \cdot \dot{y} = (x - x_M) \cdot \dot{x}_M + (y - y_M) \cdot \dot{y}_M \\ x \cdot \dot{x} + y \cdot \dot{y} = 0 \end{cases} \qquad (78)$$

În (78) desfacem parantezele și obținem sistemul (79).

$$\begin{cases} x \cdot \dot{x} + y \cdot \dot{y} - (x_M \cdot \dot{x} + y_M \cdot \dot{y}) = (x - x_M) \cdot \dot{x}_M + (y - y_M) \cdot \dot{y}_M \\ x \cdot \dot{x} + y \cdot \dot{y} = 0 \end{cases} \qquad (79)$$

Se introduce relația a doua a sistemului (79) în prima, după care prima expresie se înmulțește cu (-1), astfel încât sistemul se simplifică, căpătând forma (80).

$$\begin{cases} x_M \cdot \dot{x} + y_M \cdot \dot{y} = (x_M - x) \cdot \dot{x}_M + (y_M - y) \cdot \dot{y}_M \\ x \cdot \dot{x} + y \cdot \dot{y} = 0 \end{cases} \qquad (80)$$

Sistemul (80) se rezolvă în doi pași.

La primul pas se înmulțește prima relație a sistemului cu (y), iar cea de-a doua cu (-y_M), după care expresiile rezultate se adună membru cu membru obținându-se relația (81) în care se explicitează $\dot{x}$.

La pasul doi dorim să-l obținem pe $\dot{y}$ fapt pentru care se înmulțește prima relație a sistemului (80) cu (x) iar cea de-a doua cu (-x_M), se adună relațiile obținute membru cu membru și se explicitează $\dot{y}$, rezultând relația (82).

$$\dot{x} = \frac{y \cdot \left[(x_M - x) \cdot \dot{x}_M + (y_M - y) \cdot \dot{y}_M \right]}{x_M \cdot y - y_M \cdot x} \qquad (81)$$

$$\dot{y} = \frac{-x \cdot \left[(x_M - x) \cdot \dot{x}_M + (y_M - y) \cdot \dot{y}_M \right]}{x_M \cdot y - y_M \cdot x} \qquad (82)$$

Relațiile (81) și (82) se scriu restrâns, în cadrul sistemului (83).

$$\dot{x} = y \cdot h$$

$$\dot{y} = -x \cdot h \tag{83}$$

$$h = \frac{(x_M - x) \cdot \dot{x}_M + (y_M - y) \cdot \dot{y}_M}{x_M \cdot y - y_M \cdot x}$$

Determinarea accelerațiilor

Se pleacă de la sistemul de viteze (83) care se derivează în funcție de timp și se obține sistemul de accelerații (84). Sistemul (84) se rescrie sub forma (85).

$$\ddot{x} = \dot{y} \cdot h + y \cdot \dot{h} = -x \cdot h^2 + y \cdot \dot{h}$$

$$\ddot{y} = -\dot{x} \cdot h - x \cdot \dot{h} = -y \cdot h^2 - x \cdot \dot{h}$$

$$\dot{h} \cdot (x_M \cdot y - y_M \cdot x) = (x_M - x) \cdot \dot{x}_M + (y_M - y) \cdot \dot{y}_M$$

$$\dot{h} \cdot (x_M \cdot y - y_M \cdot x) + h \cdot (\dot{x}_M \cdot y + x_M \cdot \dot{y} - \dot{y}_M \cdot x - y_M \cdot \dot{x}) =$$
$$= (\dot{x}_M - \dot{x}) \cdot \dot{x}_M + (x_M - x) \cdot \ddot{x}_M + (\dot{y}_M - \dot{y}) \cdot \dot{y}_M + (y_M - y) \cdot \ddot{y}_M$$

$$\dot{h} = \frac{(\dot{x}_M - \dot{x}) \cdot \dot{x}_M + (x_M - x) \cdot \ddot{x}_M + (\dot{y}_M - \dot{y}) \cdot \dot{y}_M + (y_M - y) \cdot \ddot{y}_M}{x_M \cdot y - y_M \cdot x} -$$

$$- h \cdot \frac{\dot{x}_M \cdot y + x_M \cdot \dot{y} - \dot{y}_M \cdot x - y_M \cdot \dot{x}}{x_M \cdot y - y_M \cdot x} \tag{84}$$

$$\ddot{x} = \dot{y} \cdot h + y \cdot \dot{h} = -x \cdot h^2 + y \cdot \dot{h}$$

$$\ddot{y} = -\dot{x} \cdot h - x \cdot \dot{h} = -y \cdot h^2 - x \cdot \dot{h}$$

$$(85)$$

$$\dot{h} = \frac{(\dot{x}_M - \dot{x} - y \cdot h) \cdot \dot{x}_M + (\dot{y}_M - \dot{y} + x \cdot h) \cdot \dot{y}_M}{x_M \cdot y - y_M \cdot x} +$$

$$+ \frac{(x_M - x) \cdot \ddot{x}_M + (y_M - y) \cdot \ddot{y}_M + y_M \cdot \dot{x} \cdot h - x_M \cdot \dot{y} \cdot h}{x_M \cdot y - y_M \cdot x}$$

Determinarea vitezelor şi acceleraţiilor unghiulare

Odată determinate vitezele şi acceleraţiile punctului O_3, vom putea trece mai departe la determinarea vitezelor unghiulare şi a acceleraţiilor unghiulare absolute ale sistemului.

Se pleacă de la sistemul (74), care se derivează în funcţie de timp şi se obţine sistemul (86).

$$\begin{cases} x = d_2 \cdot \cos \varphi_{20} \\ y = d_2 \cdot \sin \varphi_{20} \end{cases}$$

$$(74)$$

$$\begin{cases} \dot{x} = -d_2 \cdot \sin \varphi_{20} \cdot \dot{\varphi}_{20} \\ \dot{y} = d_2 \cdot \cos \varphi_{20} \cdot \dot{\varphi}_{20} \end{cases}$$

$$(86)$$

Pentru rezolvarea corectă a sistemului (86), se amplifică prima relaţie a sa cu $(-\sin \varphi_{20})$, iar cea de-a doua cu $(\cos \varphi_{20})$, după care se adună ambele relaţii obţinute (membru cu membru), şi prin explicitarea lui $\dot{\varphi}_{20}$ se obţine expresia căutată, (87).

$$\omega_2 \equiv \omega_{20} \equiv \dot{\varphi}_{20} = \frac{\dot{y} \cdot \cos \varphi_{20} - \dot{x} \cdot \sin \varphi_{20}}{d_2} \qquad (87)$$

Sistemul de viteze (86) se derivează din nou cu timpul, și se obține sistemul de accelerații unghiulare absolute (88).

$$\begin{cases} \dot{x} = -d_2 \cdot \sin \varphi_{20} \cdot \dot{\varphi}_{20} \\ \dot{y} = d_2 \cdot \cos \varphi_{20} \cdot \dot{\varphi}_{20} \end{cases} \qquad (86)$$

$$\begin{cases} \ddot{x} = -d_2 \cdot \cos \varphi_{20} \cdot \dot{\varphi}_{20}^2 - d_2 \cdot \sin \varphi_{20} \cdot \ddot{\varphi}_{20} \\ \ddot{y} = -d_2 \cdot \sin \varphi_{20} \cdot \dot{\varphi}_{20}^2 + d_2 \cdot \cos \varphi_{20} \cdot \ddot{\varphi}_{20} \end{cases} \qquad (88)$$

Pentru rezolvarea corectă a sistemului (88), se înmulțește prima relație a lui cu $(-\sin \varphi_{20})$ și se amplifică și cea de-a doua cu $(\cos \varphi_{20})$, după care se adună membru cu membru cele două relații obținute, și se explicitează $\ddot{\varphi}_{20}$, rezultând astfel expresia căutată, (89).

$$\begin{cases} \ddot{x} = -d_2 \cdot \cos \varphi_{20} \cdot \dot{\varphi}_{20}^2 - d_2 \cdot \sin \varphi_{20} \cdot \ddot{\varphi}_{20} \quad | \quad \cdot (-\sin \varphi_{20}) \\ \ddot{y} = -d_2 \cdot \sin \varphi_{20} \cdot \dot{\varphi}_{20}^2 + d_2 \cdot \cos \varphi_{20} \cdot \ddot{\varphi}_{20} \quad | \quad \cdot (\cos \varphi_{20}) \end{cases} \qquad (88')$$

$$\varepsilon_2 \equiv \varepsilon_{20} \equiv \dot{\omega}_{20} \equiv \ddot{\varphi}_{20} = \frac{\ddot{y} \cdot \cos \varphi_{20} - \ddot{x} \cdot \sin \varphi_{20}}{d_2} \qquad (89)$$

Reținem cele două relații în sistemul (90).

$$\begin{cases} \omega_2 \equiv \omega_{20} \equiv \dot{\varphi}_{20} = \dfrac{\dot{y} \cdot \cos \varphi_{20} - \dot{x} \cdot \sin \varphi_{20}}{d_2} \\[4mm] \varepsilon_2 \equiv \varepsilon_{20} \equiv \dot{\omega}_{20} \equiv \ddot{\varphi}_{20} = \dfrac{\ddot{y} \cdot \cos \varphi_{20} - \ddot{x} \cdot \sin \varphi_{20}}{d_2} \end{cases} \qquad (90)$$

Cu ajutorul figurii 7 exprimăm în continuare ecuațiile (91).

$$\begin{cases} x_M - x = d_3 \cdot \cos \varphi_{30} \\ y_M - y = d_3 \cdot \sin \varphi_{30} \end{cases} \qquad (91)$$

Relațiile sistemului (91) se derivează în continuare cu timpul, și se obțin ecuațiile de viteze date de sistemul (92).

$$\begin{cases} \dot{x}_M - \dot{x} = -d_3 \cdot \sin \varphi_{30} \cdot \dot{\varphi}_{30} \\ \dot{y}_M - \dot{y} = d_3 \cdot \cos \varphi_{30} \cdot \dot{\varphi}_{30} \end{cases} \qquad (92)$$

Pentru rezolvarea corectă a sistemului de viteze (92) se amplifică prima sa relație cu $(-\sin \varphi_{30})$, iar cea de-a doua cu $(\cos \varphi_{30})$, după care se adună cele două relații obținute (membru cu membru), și se explicitează în expresia obținută viteza unghiulară absolută, $\dot{\varphi}_{30}$, rezultând în final relația dorită, (93).

$$\omega_3 \equiv \omega_{30} \equiv \dot{\varphi}_{30} = \frac{(\dot{y}_M - \dot{y}) \cdot \cos \varphi_{30} - (\dot{x}_M - \dot{x}) \cdot \sin \varphi_{30}}{d_3} \qquad (93)$$

Se derivează apoi cu timpul, sistemul de viteze (92), și se obține sistemul de accelerații unghiulare absolute (94).

$$\begin{cases} \dot{x}_M - \dot{x} = -d_3 \cdot \sin \varphi_{30} \cdot \dot{\varphi}_{30} \\ \dot{y}_M - \dot{y} = d_3 \cdot \cos \varphi_{30} \cdot \dot{\varphi}_{30} \end{cases} \qquad (92)$$

$$\begin{cases} \ddot{x}_M - \ddot{x} = -d_3 \cdot \cos \varphi_{30} \cdot \dot{\varphi}_{30}^2 - d_3 \cdot \sin \varphi_{30} \cdot \ddot{\varphi}_{30} \\ \ddot{y}_M - \ddot{y} = -d_3 \cdot \sin \varphi_{30} \cdot \dot{\varphi}_{30}^2 + d_3 \cdot \cos \varphi_{30} \cdot \ddot{\varphi}_{30} \end{cases} \qquad (94)$$

Sistemul (94) se rezolvă corect prin amplificarea primei sale relaţii cu $(-\sin\varphi_{30})$, şi a celei de a doua cu $(\cos\varphi_{30})$, după care ecuaţiile obţinute se adună (membru cu membru), iar din relaţia rezultantă se explicitează acceleraţia unghiulară absolută $\ddot{\varphi}_{30}$, rezultând expresia (95).

$$\varepsilon_3 \equiv \varepsilon_{30} \equiv \dot{\omega}_{30} \equiv \ddot{\varphi}_{30} = \frac{(\ddot{y}_M - \ddot{y})\cdot\cos\varphi_{30} - (\ddot{x}_M - \ddot{x})\cdot\sin\varphi_{30}}{d_3} \qquad (95)$$

Păstrăm în sistemul (96) cele două soluţii găsite, iar în sistemul (97) le centralizăm pe toate patru.

$$\begin{cases} \omega_3 \equiv \omega_{30} \equiv \dot{\varphi}_{30} = \dfrac{(\dot{y}_M - \dot{y})\cdot\cos\varphi_{30} - (\dot{x}_M - \dot{x})\cdot\sin\varphi_{30}}{d_3} \\[4mm] \varepsilon_3 \equiv \varepsilon_{30} \equiv \dot{\omega}_{30} \equiv \ddot{\varphi}_{30} = \dfrac{(\ddot{y}_M - \ddot{y})\cdot\cos\varphi_{30} - (\ddot{x}_M - \ddot{x})\cdot\sin\varphi_{30}}{d_3} \end{cases} \qquad (96)$$

$$\begin{cases} \omega_2 \equiv \omega_{20} \equiv \dot{\varphi}_{20} = \dfrac{\dot{y}\cdot\cos\varphi_{20} - \dot{x}\cdot\sin\varphi_{20}}{d_2} \\[4mm] \omega_3 \equiv \omega_{30} \equiv \dot{\varphi}_{30} = \dfrac{(\dot{y}_M - \dot{y})\cdot\cos\varphi_{30} - (\dot{x}_M - \dot{x})\cdot\sin\varphi_{30}}{d_3} \\[4mm] \varepsilon_2 \equiv \varepsilon_{20} \equiv \dot{\omega}_{20} \equiv \ddot{\varphi}_{20} = \dfrac{\ddot{y}\cdot\cos\varphi_{20} - \ddot{x}\cdot\sin\varphi_{20}}{d_2} \\[4mm] \varepsilon_3 \equiv \varepsilon_{30} \equiv \dot{\omega}_{30} \equiv \ddot{\varphi}_{30} = \dfrac{(\ddot{y}_M - \ddot{y})\cdot\cos\varphi_{30} - (\ddot{x}_M - \ddot{x})\cdot\sin\varphi_{30}}{d_3} \end{cases} \qquad (97)$$

Cap 08_Trecerea de la mișcarea plană la cea spațială

În figura 7 se poate urmări schema cinematică a lanțului plan, iar în figura 8 este prezentată schema cinematică a lanțului spațial.

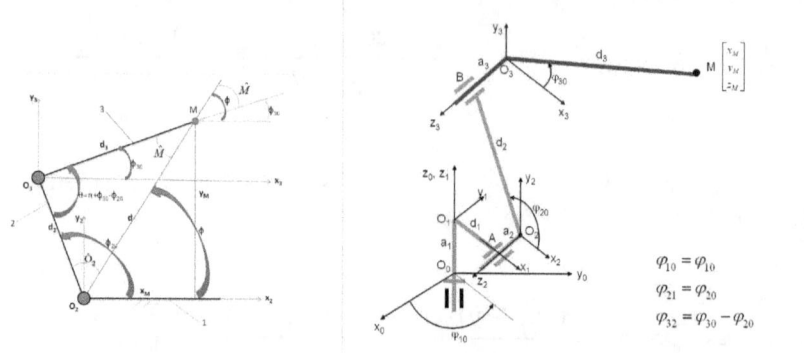

Fig. 7. *Schema cinematică a lanțului plan*   **Fig. 8.** *Schema cinematică spațială*

În continuare se va face trecerea de la mișcarea plană la cea spațială.

Dimensiunile plane x_2Oy_2 se vor proiecta pe axele $zO\rho$. Astfel lungimea pe axa verticală plană Oy se va proiecta pe axa verticală spațială Oz prin adăugarea constantei a_1, iar lungimea de pe axa orizontală plană Ox se va proiecta pe axa orizontală spațială $O\rho$ prin adăugarea constantei d_1, conform relațiilor date de sistemul (98).

$$\begin{cases} \rho_{M'} = d_1 + x_M^P \\ z_M = a_1 + y_M^P \end{cases} \qquad (98)$$

Proiecțiile punctului M pe axele plane se vor marca cu indicele superior P (Plan), pentru a se deosebi de axele spațiale corespunzătoare.

Datorită faptului că planul de proiecție vertical este îndepărtat de axa $O\rho$ cu o distanță constantă a_2+a_3, (planul de lucru vertical nu se proiectează direct pe axa $O\rho$, ci pe o axă paralelă cu ea distanțată cu lungimea a_2+a_3), proiecția punctului M pe planul orizontal din spațiu nu va cădea în M' ci în punctul M" (vezi figura 8).

Din această cauză proiecțiile lui M pe axele Ox și Oy spațiale, nu vor fi cele ale punctului M' ci cele ale punctului M", conform relațiilor date de sistemul (99).

$$\begin{cases} x_M = \rho_{M'} \cdot \cos\varphi_{10} + (a_2 + a_3) \cdot \cos\left(\varphi_{10} + \dfrac{\pi}{2}\right) \\ \\ y_M = \rho_{M'} \cdot \sin\varphi_{10} + (a_2 + a_3) \cdot \sin\left(\varphi_{10} + \dfrac{\pi}{2}\right) \end{cases} \qquad (99)$$

Dorim să eliminăm unghiul de 90 deg din relațiile (99), care au avut un rol important explicativ în înțelegerea fenomenului, pentru a se vedea cum se scriu ecuațiile de trecere de la axele plane la cele spațiale, fiind aici (în planul orizontal din spațiu) vorba de o rotație, ale căror relații nu trebuiesc reținute automat, ci deduse logic, fapt pentru care vom trece imediat de la sistemul determinat logic (99) la sistemul convenabil (100), care se va obține acum din (99) prin eliminarea unghiului de 90 deg, din relațiile trigonometrice.

$$\begin{cases} x_M = \rho_{M'} \cdot \cos\varphi_{10} - (a_2 + a_3) \cdot \sin\varphi_{10} \\ y_M = \rho_{M'} \cdot \sin\varphi_{10} + (a_2 + a_3) \cdot \cos\varphi_{10} \end{cases} \qquad (100)$$

Poate că poate părea cam dificilă metoda utilizată, dar în comparație cu metodele matriciale spațiale, ea este extrem de simplă și directă, contribuind la transformarea mișcării spațiale într-o mișcare plană, mult mai ușor de înțeles și studiat.

În sistemul (101) centralizăm toate relațiile de trecere de la mișcarea plană la cea spațială.

$$\begin{cases} x_M = \left(d_1 + x_M^P\right) \cdot \cos\varphi_{10} - (a_2 + a_3) \cdot \sin\varphi_{10} \\ y_M = \left(d_1 + x_M^P\right) \cdot \sin\varphi_{10} + (a_2 + a_3) \cdot \cos\varphi_{10} \\ z_M = a_1 + y_M^P \end{cases} \qquad (101)$$

Înlocuind în (101) valorile lui x_M^P și y_M^P se obține sistemul de ecuații spațiale absolute (102).

$$\begin{cases} x_M = \left(d_1 + d_2 \cdot \cos\varphi_{20} + d_3 \cdot \cos\varphi_{30}\right) \cdot \cos\varphi_{10} - \left(a_2 + a_3\right) \cdot \sin\varphi_{10} \\ y_M = \left(d_1 + d_2 \cdot \cos\varphi_{20} + d_3 \cdot \cos\varphi_{30}\right) \cdot \sin\varphi_{10} + \left(a_2 + a_3\right) \cdot \cos\varphi_{10} \quad (102) \\ z_M = a_1 + d_2 \cdot \sin\varphi_{20} + d_3 \cdot \sin\varphi_{30} \end{cases}$$

Pentru determinarea mai simplă a vitezelor şi acceleraţiilor în sistemul (101) de la care se pleacă, se notează $a_2 + a_3$ cu a, astfel încât (101) capătă aspectul (103) simplificat.

$$\begin{cases} x_M = \left(d_1 + x_M^P\right) \cdot \cos\varphi_{10} - a \cdot \sin\varphi_{10} \\ y_M = \left(d_1 + x_M^P\right) \cdot \sin\varphi_{10} + a \cdot \cos\varphi_{10} \\ z_M = a_1 + y_M^P \end{cases} \qquad (103)$$

Se derivează în funcţie de timp sistemul de poziţii spaţial (103) şi se obţine sistemul spaţial de viteze (104).

$$\begin{cases} \dot{x}_M = \dot{x}_M^P \cdot \cos\varphi_{10} - \left(d_1 + x_M^P\right) \cdot \sin\varphi_{10} \cdot \dot{\varphi}_{10} - a \cdot \cos\varphi_{10} \cdot \dot{\varphi}_{10} \\ \dot{y}_M = \dot{x}_M^P \cdot \sin\varphi_{10} + \left(d_1 + x_M^P\right) \cdot \cos\varphi_{10} \cdot \dot{\varphi}_{10} - a \cdot \sin\varphi_{10} \cdot \dot{\varphi}_{10} \quad (104) \\ \dot{z}_M = \dot{y}_M^P \end{cases}$$

Se derivează în funcţie de timp sistemul de viteze spaţial (104) şi se obţine sistemul spaţial de acceleraţii (105), care se restrânge la forma (106).

$$\begin{cases} \ddot{x}_M = \ddot{x}_M^P \cdot \cos\varphi_{10} - \dot{x}_M^P \cdot \sin\varphi_{10} \cdot \dot{\varphi}_{10} - \dot{x}_M^P \cdot \sin\varphi_{10} \cdot \dot{\varphi}_{10} - \\ \quad - \left(d_1 + x_M^P\right) \cdot \cos\varphi_{10} \cdot \dot{\varphi}_{10}^2 + a \cdot \sin\varphi_{10} \cdot \dot{\varphi}_{10}^2 \\ \ddot{y}_M = \ddot{x}_M^P \cdot \sin\varphi_{10} + \dot{x}_M^P \cdot \cos\varphi_{10} \cdot \dot{\varphi}_{10} + \dot{x}_M^P \cdot \cos\varphi_{10} \cdot \dot{\varphi}_{10} - \qquad (105) \\ \quad - \left(d_1 + x_M^P\right) \cdot \sin\varphi_{10} \cdot \dot{\varphi}_{10}^2 - a \cdot \cos\varphi_{10} \cdot \dot{\varphi}_{10}^2 \\ \ddot{z}_M = \ddot{y}_M^P \end{cases}$$

$$\begin{cases} \ddot{x}_M = \left[\ddot{x}_M^P - \left(d_1 + x_M^P \right) \cdot \dot{\varphi}_{10}^2 \right] \cdot \cos \varphi_{10} - \\ \quad - \left(2 \cdot \dot{x}_M^P - a \cdot \dot{\varphi}_{10} \right) \cdot \dot{\varphi}_{10} \cdot \sin \varphi_{10} \\ \\ \ddot{y}_M = \left[\ddot{x}_M^P - \left(d_1 + x_M^P \right) \cdot \dot{\varphi}_{10}^2 \right] \cdot \sin \varphi_{10} + \\ \quad + \left(2 \cdot \dot{x}_M^P - a \cdot \dot{\varphi}_{10} \right) \cdot \dot{\varphi}_{10} \cdot \cos \varphi_{10} \\ \\ \ddot{z}_M = \ddot{y}_M^P \end{cases} \qquad (106)$$

Sistemul spaţial de viteze (104) se restrânge la forma (107), care prin utilizarea notaţiilor u şi v se rescrie sub forma simplificată (108). Şi sistemul de acceleraţii (106) se poate restrânge la forma (109), cu notaţiile w, t.

$$\begin{cases} \dot{x}_M = \left(\dot{x}_M^P - a \cdot \dot{\varphi}_{10} \right) \cdot \cos \varphi_{10} - \left(d_1 + x_M^P \right) \cdot \dot{\varphi}_{10} \cdot \sin \varphi_{10} \\ \dot{y}_M = \left(\dot{x}_M^P - a \cdot \dot{\varphi}_{10} \right) \cdot \sin \varphi_{10} + \left(d_1 + x_M^P \right) \cdot \dot{\varphi}_{10} \cdot \cos \varphi_{10} \\ \dot{z}_M = \dot{y}_M^P \end{cases} \qquad (107)$$

$$\begin{cases} \dot{x}_M = u \cdot \cos \varphi_{10} - v \cdot \sin \varphi_{10} \\ \dot{y}_M = u \cdot \sin \varphi_{10} + v \cdot \cos \varphi_{10} \\ \dot{z}_M = \dot{y}_M^P \\ \\ u = \dot{x}_M^P - a \cdot \dot{\varphi}_{10}; \quad v = \left(d_1 + x_M^P \right) \cdot \dot{\varphi}_{10} \end{cases} \qquad (108)$$

$$\begin{cases} \ddot{x}_M = w \cdot \cos \varphi_{10} - t \cdot \sin \varphi_{10} \\ \ddot{y}_M = w \cdot \sin \varphi_{10} + t \cdot \cos \varphi_{10} \\ \ddot{z}_M = \ddot{y}_M^P \\ \\ w = \ddot{x}_M^P - \left(d_1 + x_M^P \right) \cdot \dot{\varphi}_{10}^2; \quad t = \left(2 \cdot \dot{x}_M^P - a \cdot \dot{\varphi}_{10} \right) \cdot \dot{\varphi}_{10} \end{cases} \qquad (109)$$

În continuare se vor prezenta pozițiile, vitezele și accelerațiile spațiale, scrise toate restrâns în cadrul sistemului (110).

$$
\begin{cases}
Pozitii: \\[4pt]
x_M = s \cdot \cos\varphi_{10} - a \cdot \sin\varphi_{10} \\[4pt]
y_M = s \cdot \sin\varphi_{10} + a \cdot \cos\varphi_{10} \\[4pt]
z_M = a_1 + y_M^P \\[4pt]
cu \quad s = d_1 + x_M^P; \quad a = a_2 + a_3 \\[16pt]
Viteze: \\[4pt]
\dot{x}_M = u \cdot \cos\varphi_{10} - v \cdot \sin\varphi_{10} \\[4pt]
\dot{y}_M = u \cdot \sin\varphi_{10} + v \cdot \cos\varphi_{10} \\[4pt]
\dot{z}_M = \dot{y}_M^P \\[4pt]
cu \quad u = \dot{x}_M^P - a \cdot \dot{\varphi}_{10}; \quad v = \left(d_1 + x_M^P\right) \cdot \dot{\varphi}_{10} \\[16pt]
Accelerati\,i: \\[4pt]
\ddot{x}_M = w \cdot \cos\varphi_{10} - t \cdot \sin\varphi_{10} \\[4pt]
\ddot{y}_M = w \cdot \sin\varphi_{10} + t \cdot \cos\varphi_{10} \\[4pt]
\ddot{z}_M = \ddot{y}_M^P \\[4pt]
cu \quad w = \ddot{x}_M^P - \left(d_1 + x_M^P\right) \cdot \dot{\varphi}_{10}^2; \quad t = \left(2 \cdot \dot{x}_M^P - a \cdot \dot{\varphi}_{10}\right) \cdot \dot{\varphi}_{10}
\end{cases}
\tag{110}
$$

Modulul vectorului de poziție spațial al punctului endefector M, în sistemul spațial cartezian fix e dat de relația (111).

$$
r_M = \sqrt{x_M^2 + y_M^2 + z_M^2} = \sqrt{s^2 + a^2 + \left(a_1 + y_M^P\right)^2}
\tag{111}
$$

Modulul vectorului viteză absolută a punctului M se obține cu relația (112).

$$v_M = \sqrt{\dot{x}_M^2 + \dot{y}_M^2 + \dot{z}_M^2} = \sqrt{u^2 + v^2 + \dot{y}_M^{P\,2}} \qquad (112)$$

Modulul vectorului accelerație absolută a punctului M se obține cu relația (113).

$$a_M = \sqrt{\ddot{x}_M^2 + \ddot{y}_M^2 + \ddot{z}_M^2} = \sqrt{w^2 + t^2 + \ddot{y}_M^{P\,2}} \qquad (113)$$

În sistemul (114) se face o recapitulare a celor trei parametri absoluți spațiali ai punctului M: deplasare (sau mai corect poziție) absolută, viteză absolută, accelerație absolută.

$$\begin{cases} r_M = \sqrt{x_M^2 + y_M^2 + z_M^2} = \sqrt{s^2 + a^2 + \left(a_1 + y_M^P\right)^2} \\[2mm] v_M = \sqrt{\dot{x}_M^2 + \dot{y}_M^2 + \dot{z}_M^2} = \sqrt{u^2 + v^2 + \dot{y}_M^{P\,2}} \\[2mm] a_M = \sqrt{\ddot{x}_M^2 + \ddot{y}_M^2 + \ddot{z}_M^2} = \sqrt{w^2 + t^2 + \ddot{y}_M^{P\,2}} \end{cases} \qquad (114)$$

Cap 09_Echilibrarea statică totală şi cinetostatica lanţului cinematic plan

Echilibrarea statică totală a lanţului cinematic plan, prin metoda clasică (cu contragreutăţi)

Mecanismul din figura 7 (lanţul cinematic plan), trebuie echilibrat pentru a avea o funcţionare normală. Printr-o echilibrare statică totală a sa, se realizează echilibrarea forţelor gravitaţionale şi a momentelor generate de forţele de greutate, se realizează echilibrarea forţelor de inerţie şi a momentelor (cuplurilor) generate de prezenţa forţelor de inerţie (a nu se confunda cu momentele inerţiale ale mecanismului, care apar separat de celelalte forţe, ele făcând parte din torsorul inerţial al unui mecanism, şi depinzând atât de masele inerţiale ale mecanismului cât şi de acceleraţiile unghiulare ale sale).

Echilibrarea mecanismului se poate face prin diverse metode.

O echilibrare parţială se realizează aproape în toate cazurile în care actuatorii (motoarele electrice de acţionare) sunt montaţi împreună cu o reducţie mecanică, o transmisie mecanică, un angrenaj cu roţi dinţate hipoid, elicoidal, de tip şurub melc – roată melcată.

Un astfel de reductor numit unisens (mişcarea permisă de el este o rotaţie în ambele sensuri, dar transmiterea forţei şi a momentului motor, se poate face doar într-un singur sens, de la melc către roata melcată, invers dinspre roata melcată către şurubul melc forţa nu se poate transmite şi nici mişcarea nu este posibilă mecanismul blocându-se, fapt ce îl face apt pentru transmiterea mişcării de la volanul unui vehicol către roţile acestuia, în cadrul mecanismului de direcţie, el nepermiţând ca forţele de la roţi datorate denivelărilor terenului, să fie transmise către volan şi implicit şoferului, sau acest mecanism este apt pentru contoarele mecanice, astfel încât acestea să nu se răsucească şi invers, etc) poate echilibra transmisia lăsând forţele şi momentele motoare să se desfăşoare, dar nepermiţând elementelor cinematice să influenţeze mişcarea prin forţele lor de greutate şi de inerţie. Se realizează astfel o echilibrare „forţată" motoare, din transmisie, care face ca funcţionarea ansamblului să fie corectă, însă rigidă şi cu şocuri mecanice.

O astfel de echilibrare nu este posibilă atunci când actuatoarele acţionează direct elementele lanţului cinematic, fără a mai utiliza şi reductoare mecanice. E nevoie în această situaţie de o echilibrare reală, permanentă.

În plus şi în situaţiile în care se utilizează reductoare hipoide, este bine să existe şi o echilibrare statică totală, permanentă, care realizează o funcţionare normală, liniştită, a mecanismului şi a întregului ansamblu.

Aşa cum s-a arătat deja, prin echilibrarea statică totală a unui lanţ cinematic mobil, se realizează echilibrarea forţelor de greutate şi a cuplurilor produse de ele, cât şi echilibrarea forţelor de inerţie şi a cuplurilor produse de ele, dar nu şi echilibrarea momentelor de inerţie.

Metodele de echilibrări cu arcuri, în general nu au dat rezultate foarte bune, arcurile trebuind să fie foarte bine calibrate, astfel încât forţele elastice realizate (înmagazinate) de ele să nu fie nici prea mici (insuficiente echilibrării), dar nici prea mari (deoarece uzează prematur elementele şi cuplele lanţului cinematic, şi forţează mult, suplimentar, actuatorii).

Metoda cea mai utilizată este cea clasică, cu mase adiţionale, de tip contragreutăţi, asemenea celor de la tradiţionalele fântâni populare cu cumpănă. Echilibrarea totală a lanţului cinematic robotic deschis este prezentată în figura 9.

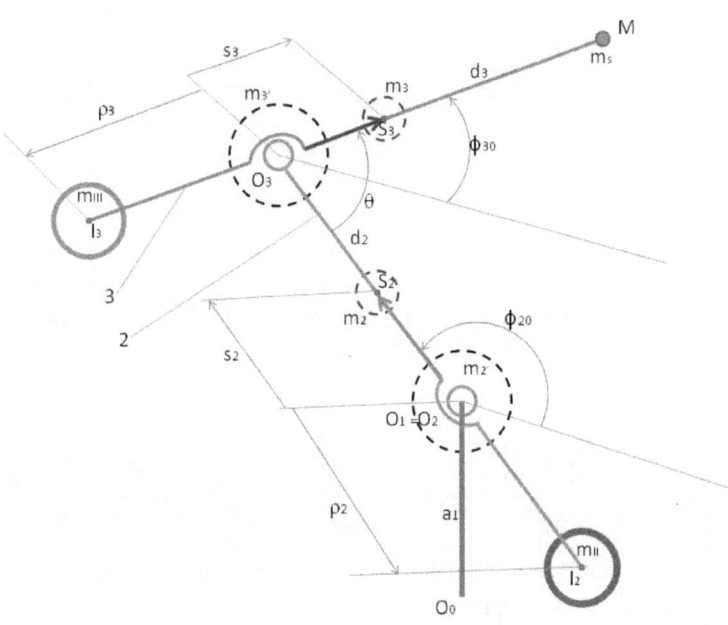

Fig. 9. *Echilibrarea lanţului cinematic plan*

Se scrie suma momentelor forţelor de greutate de pe elementul 3 în raport cu punctul O_3 (relaţia 115).

$$\sum M_{O_3}^{(3)} = 0 \quad \Rightarrow m_s \cdot d_3 + m_3 \cdot s_3 = m_{III} \cdot \rho_3 \qquad (115)$$

Astfel masa sarcinii endefectorului (cu tot cu masa transportată de el), aflată la distanța d_3 față de O_3, plus masa elementului 3 concentrată în centrul de masă sau de greutate S_3 aflat la distanța s_3 față de punctul O_3, sunt echilibrate prin greutatea masei suplimentare m_{III} montată la distanța ρ_3 față de articulația O_3 de partea cealaltă (adică pe prelungirea elementului 3). Echilibrarea se face asemenea unui scrânciob, sau a unei pârghii de gradul 1.

În general se alege masa de echilibrare m_{III} și rezultă prin calcul distanța de montaj, ρ_3 (relația 116).

$$\rho_3 = \frac{m_s \cdot d_3 + m_3 \cdot s_3}{m_{III}} \qquad (116)$$

După echilibrare masa elementului 3 concentrată în articulația O_3 capătă valoarea $m_{3'}$ dată de relația (117).

$$m_{3'} = m_3 + m_s + m_{III} \qquad (117)$$

Se scrie în continuare suma momentelor forțelor de greutate de pe elementele 2 și 3 (considerate ca o platformă comună) în raport cu punctul O_2 (relația 118). Masa elementului 3 este cea finală obținută după echilibrare, $m_{3'}$ și poziționată (concentrată) în punctul O_3.

$$\sum M_{O_2}^{(2+3)} = 0 \quad \Rightarrow m_{3'} \cdot d_2 + m_2 \cdot s_2 = m_{II} \cdot \rho_2 \qquad (118)$$

În general se alege masa de echilibrare m_{II} și rezultă prin calcul distanța de montaj, ρ_2 (relația 119).

$$\rho_2 = \frac{m_{3'} \cdot d_2 + m_2 \cdot s_2}{m_{II}} \qquad (119)$$

După echilibrare masa întregului lanț cinematic plan (format din elementele 2 + 3) se găsește concentrată în articulația O_2 și capătă valoarea $m_{2'}$ dată de relația (120).

$$m_{2'} = m_{3'} + m_2 + m_{II} \qquad (120)$$

Justificare teoretică a metodei utilizate: Forțele de greutate ale căror momente trebuiesc scrise față de o articulație (mobilă sau fixă) sunt toate paralele între ele, orientate după un suport vertical cu vârful în jos (sau direcționate în sus cu valori negative), și au valoarea (modulul) dată de produsul dintre masa respectivă și accelerația gravitațională. Dacă în relația de momente simplificăm peste tot cu g, atunci această sumă de momente apare ca o sumă de mase amplificate fiecare cu brațul forței respective. Dar și brațele forțelor sunt asemenea cu distanțele de la punctul în care este concentrată masa până la articulația față de care s-au scris momentele forțelor de greutate, astfel încât se pot înlocui toate brațele forțelor de greutate cu distanțele respective. În final relația sumelor momentelor forțelor de greutate față de articulația respectivă, va fi suma produselor masă distanță. Această modalitate este mult mai comodă, dar ea poate fi folosită numai în urma justificării teoretice corespunzătoare.

Cinetostatica lanțului cinematic plan echilibrat

Prin cinetostatică se înțelege studiul distribuției forțelor unui lanț cinematic, prin analiza lor pe întregul lanț cinematic, sau pe module (element, ori mai multe elemente cuplate între ele) considerate fiecare separat. Studiul tuturor forțelor care acționează în cadrul lanțului cinematic respectiv se face instantaneu, sub forma unei poze a lanțului cinematic aflat într-o poziție oarecare considerată (asemănător studiului cinematic, care se ocupa însă doar cu studiul pozițiilor, vitezelor și accelerațiilor lanțului cinematic fotografiat instantaneu într-o poziție oarecare considerată).

Forțele și momentele ce apar la mecanismul dezechilibrat sunt mai multe și mai dispersate, dar în general mecanismele utilizate în practică sunt deja echilibrate tocmai în scopul unei bune funcționări, astfel încât este mai justificat studiul cinetostatic al unui lanț cinematic deja echilibrat total.

Se pornește de la lanțul cinematic gata echilibrat din figura 9, și se analizează torsorul forțelor existente pe acest lanț cinematic fotografiat instantaneu, într-o poziție oarecare, conform figurii 10.

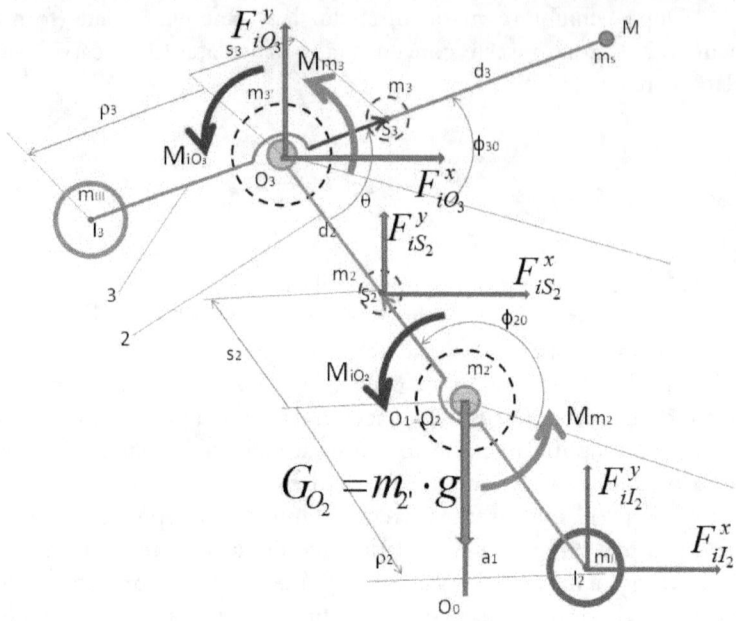

Fig. 10. *Cinetostatica lanțului cinematic plan echilibrat*

Pentru început se studiază cinetostatica elementului doi, care poartă însă și masa $m_{3'}$ a elementului 3, astfel încât elementul 2 suportă efectul întregului lanț cinematic echilibrat, considerat sudat (asemenea unei platforme), elementul 3 fiind înlocuit de masa $m_{3'}$ concentrată în punctul O_3, de forțele de inerție și de greutate ale masei $m_{3'}$.

Deoarece mecanismul a fost deja echilibrat, forțele de greutate nu mai produc efecte, ele fiind eliminate din calculele ulterioare pentru a nu mai complica desenul și relațiile. Se consideră doar rezultanta finală a forței de greutate a întregului lanț cinematic echilibrat, G_{O2}, care nu mai produce nici un moment asupra acestui punct, ci doar generează o componentă verticală a reacțiunii din cupla O_2.

Se vor considera în calculele cinetostatice următoare numai forțele inerțiale, cu precizarea importantă că echilibrarea statică totală anihilează practic și efectele forțelor inerțiale, astfel încât studiul are ca scop prezentarea acestor forțe pentru cunoașterea lor, observându-se (verificându-se) spre finalul calculelor că și efectele lor au fost anulate prin echilibrarea totală efectuată deja.

Ne reamintim, de la studiul cinematic, accelerațiile punctului O_3 (ultimele două relații ale sistemului 121 de poziții, viteze și accelerații).

$$\begin{cases} x_{O_3} = d_2 \cdot \cos\varphi_{20}; \quad y_{O_3} = d_2 \cdot \sin\varphi_{20}; \\[3mm] \dot{x}_{O_3} = -d_2 \cdot \sin\varphi_{20} \cdot \omega_{20}; \quad \dot{y}_{O_3} = d_2 \cdot \cos\varphi_{20} \cdot \omega_{20}; \qquad (121) \\[3mm] \ddot{x}_{O_3} = -d_2 \cdot \cos\varphi_{20} \cdot \omega_{20}^2; \quad \ddot{y}_{O_3} = -d_2 \cdot \sin\varphi_{20} \cdot \omega_{20}^2 \end{cases}$$

Cu ajutorul relaţiilor (121) se scriu în continuare forţele de inerţie, din cadrul torsorului de inerţie (122) al punctului O₃.

$$\begin{cases} F_{iO_3}^x = -m_{3'} \cdot \ddot{x}_{O_3} = -m_{3'} \cdot (-)d_2 \cdot \cos\varphi_{20} \cdot \omega_{20}^2 = \\ = m_{3'} \cdot d_2 \cdot \cos\varphi_{20} \cdot \omega_{20}^2 \\[3mm] F_{iO_3}^y = -m_{3'} \cdot \ddot{y}_{O_3} = -m_{3'} \cdot (-)d_2 \cdot \sin\varphi_{20} \cdot \omega_{20}^2 = \qquad (122) \\ = m_{3'} \cdot d_2 \cdot \sin\varphi_{20} \cdot \omega_{20}^2 \\[3mm] M_{iO_3} = -J_{O_3} \cdot \varepsilon_3 \end{cases}$$

Din torsorul de inerţie al punctului O₃ dat de relaţiile sistemului (122) ne interesează pentru moment numai forţele de inerţie din punctul O₃ orientate pe axele x şi y (practic e vorba de componentele scalare ale forţei de inerţie dată de masa $m_{3'}$), ele producându-şi efectul asupra elementului 2. Intenţionăm să scriem suma forţelor ce acţionează pe lanţul cinematic 2-3 separat pe axele x şi y, cât şi suma momentelor, cuplurilor produse de forţele inerţiale de pe lanţ faţă de punctul O₂. În afară de punctul O₃ mai avem şi forţele inerţiale date de masa m_2 din punctul S₂ (relaţiile sistemului 123), cât şi forţele de inerţie date de masa de echilibrare m_{II} din punctul I₂ (relaţiile sistemului 124).

$$\begin{cases} F_{iS_2}^x = -m_2 \cdot \ddot{x}_{S_2} = m_2 \cdot s_2 \cdot \cos\varphi_{20} \cdot \omega_{20}^2 \\[2mm] F_{iS_2}^y = -m_2 \cdot \ddot{y}_{S_2} = m_2 \cdot s_2 \cdot \sin\varphi_{20} \cdot \omega_{20}^2 \end{cases} \qquad (123)$$

51

$$\begin{cases} F_{il_2}^x = -m_{II} \cdot \ddot{x}_{I_2} = -m_{II} \cdot \rho_2 \cdot \cos\varphi_{20} \cdot \omega_{20}^2 \\ F_{il_2}^y = -m_{II} \cdot \ddot{y}_{I_2} = -m_{II} \cdot \rho_2 \cdot \sin\varphi_{20} \cdot \omega_{20}^2 \end{cases} \qquad (124)$$

Avem pregătite forțele inerțiale ce acționează pe elementul 2, și putem demara studiul ecuațiilor de echilibru de forțe pentru elementul 2 (dar care ține cont și de efectele elementului 3). Se scrie mai întâi echilibrul forțelor de pe axa orizontală, x (relațiile 125), din care se va determina în final componenta orizontală a reacțiunii din cupla O_2.

$$\begin{cases} \sum F_{(2)}^x = 0 \Rightarrow m_{3'} \cdot d_2 \cdot \cos\varphi_{20} \cdot \omega_{20}^2 + m_2 \cdot s_2 \cdot \cos\varphi_{20} \cdot \omega_{20}^2 - \\ - m_{II} \cdot \rho_2 \cdot \cos\varphi_{20} \cdot \omega_{20}^2 + R_{O_2}^x = 0 \Rightarrow \\ \Rightarrow (m_{3'} \cdot d_2 + m_2 \cdot s_2 - m_{II} \cdot \rho_{II}) \cdot \cos\varphi_{20} \cdot \omega_{20}^2 + R_{12}^x = 0 \qquad (125) \\ dar \quad m_{3'} \cdot d_2 + m_2 \cdot s_2 - m_{II} \cdot \rho_{II} = 0 \quad datorit\check{a} \quad echilibr\check{a}rii \Rightarrow \\ \Rightarrow R_{O_2}^x \equiv R_{12}^x = 0 \end{cases}$$

În continuare se face o sumă de forțe (echilibrul forțelor) proiectate pe axa verticală, y, de pe elementul 2 (dar ținând cont și de încărcările de pe elementul 3), și se determină componenta verticală a reacțiunii din cupla fixă (considerată fixă) O_2 (relațiile 126).

$$\begin{cases} \sum F_{(2)}^y = 0 \Rightarrow m_{3'} \cdot d_2 \cdot \sin\varphi_{20} \cdot \omega_{20}^2 + m_2 \cdot s_2 \cdot \sin\varphi_{20} \cdot \omega_{20}^2 - \\ - m_{II} \cdot \rho_2 \cdot \sin\varphi_{20} \cdot \omega_{20}^2 - m_{2'} \cdot g + R_{12}^y = 0 \Rightarrow \\ \Rightarrow (m_{3'} \cdot d_2 + m_2 \cdot s_2 - m_{II} \cdot \rho_{II}) \cdot \sin\varphi_{20} \cdot \omega_{20}^2 - m_{2'} \cdot g + R_{12}^y = 0 \quad (126) \\ dar \quad m_{3'} \cdot d_2 + m_2 \cdot s_2 - m_{II} \cdot \rho_{II} = 0 \quad datorit\check{a} \quad echilibr\check{a}rii \Rightarrow \\ \Rightarrow R_{O_2}^y \equiv R_{12}^y = m_{2'} \cdot g = G_{O_2} \end{cases}$$

Se poate observa că încărcările din cuple sunt minime tocmai datorită echilibrării. Efectul dat de forțele de inerție (cuplurile produse de aceste forțe) se anulează (datorită echilibrării). Cuplurile produse de forțele de greutate se anulează și ele tot datorită echilibrării.

Greutatea finală echilibrată mai produce asupra lanţului cinematic doar un singur efect, o încărcare verticală (determină o reacţiune verticală) în cupla fixă. La o echilibrare totală chiar şi încărcarea orizontală din cupla fixă dispare. Singura încărcare rămasă este constantă şi din acest motiv nu prezintă un pericol mare de uzură, nu creiază şocuri dinamice, mecanismul având un comportament dinamic normal (liniştit) în funcţionare.

Se va scrie în continuare şi o sumă de momente faţă de articulaţia fixă, de pe elementul 2 (dar cu considerarea şi a efectelor de pe elementul 3), (relaţiile 127).

$$
\begin{cases}
\sum M_{O_2}^{(2)} = 0 \Rightarrow M_{m_2} - F_{iO_3}^x \cdot d_2 \cdot \cos\left(\varphi_{20} - \frac{\pi}{2}\right) - \\[2mm]
- F_{iO_3}^y \cdot d_2 \cdot \sin\left(\varphi_{20} - \frac{\pi}{2}\right) - F_{iS_2}^x \cdot s_2 \cdot \sin\varphi_{20} - F_{iS_2}^y \cdot s_2 \cdot -\cos\varphi_{20} + \\[2mm]
+ F_{iI_2}^x \cdot \rho_2 \cdot \cos\left(\varphi_{20} - \frac{\pi}{2}\right) + F_{iI_2}^y \cdot \rho_2 \cdot \sin\left(\varphi_{20} - \frac{\pi}{2}\right) + M_{iO_2} = 0 \Rightarrow \\[2mm]
\Rightarrow M_{m_2} - m_{3'}d_2^2\omega_{20}^2\cos\varphi_{20}\sin\varphi_{20} + m_{3'} \cdot d_2^2\omega_{20}^2\sin\varphi_{20}\cos\varphi_{20} - \\[2mm]
- m_2 \cdot s_2^2 \cdot \omega_{20}^2 \cdot \cos\varphi_{20} \cdot \sin\varphi_{20} + m_2 \cdot s_2^2 \cdot \omega_{20}^2 \cdot \sin\varphi_{20} \cdot \cos\varphi_{20} - \\[2mm]
- m_{II} \cdot \rho_2^2 \cdot \omega_{20}^2\cos\varphi_{20} \cdot \sin\varphi_{20} + m_{II} \cdot \rho_2^2 \cdot \omega_{20}^2 \cdot \sin\varphi_{20} \cdot \cos\varphi_{20} - \\[2mm]
- J_{O_2}^* \cdot \varepsilon_2 = 0 \Rightarrow M_{m_2} - J_{O_2}^* \cdot \varepsilon_2 = 0 \Rightarrow M_{m_2} = J_{O_2}^* \cdot \varepsilon_2
\end{cases}
\tag{127}
$$

$J_{O_2}^*$ (momentul de inerţie masic, sau mecanic al elementului 2, plus influenţa masei elementului 3), se calculează cu relaţia (128).

$$
J_{O_2}^* = J_{O_2} + m_{3'} \cdot d_2^2 = m_2 \cdot s_2^2 + m_{II} \cdot \rho_2^2 + m_{3'} \cdot d_2^2
\tag{128}
$$

Rezultă că din echilibrul de momente faţă de cupla fixă, de pe elementul 2 dar şi cu considerarea influenţei elementului 3, se poate determina momentul motor necesar, pe care trebuie să-l genereze actuatorul 2, montat în cupla O_2 (relaţia 129).

$$M_{m_2} = J_{O_2}^* \cdot \varepsilon_2 = \left(m_2 \cdot s_2^2 + m_{II} \cdot \rho_2^2 + m_{3'} \cdot d_2^2 \right) \cdot \ddot{\varphi}_{20} \qquad (129)$$

Observaţie. Momentul motor 3 nu acţionează decât pe elementul 3 rupt de elementul 2 (adică este o acţiune a lui 3 în raport cu 2, sau mai exact elementul 3 este acţionat de elementul 2 prin acest moment motor 2). Nu s-a luat în considerare nici momentul de inerţie M_{iO_3} din aceleaşi considerente. El acţionează doar asupra elementului 3 considerat separat (rupt de 2). Influenţa masei m$_{3'}$ asupra elementului 2 apare prin masa finală m$_{2'}$ care conţine şi masa m$_{3'}$.

Urmează studiul cinetostatic separat al elementului 3 rupt de elementul 2. Pentru a simplifica mult acest studiu, se vor face următoarele consideraţii: toate forţele de greutate cât şi cele de inerţie care acţionează asupra elementului 3 sunt echilibrate deja, astfel încât ele nu mai influenţează dinamica elementului. Nici forţele gravitaţionale şi nici cele inerţiale nu mai dau cupluri în punctul O$_3$ de reducere, deoarece aceste cupluri se anulează toate datorită echilibrării elementului. Făcând suma momentelor tuturor forţelor de pe elementul 3 în raport cu articulaţia mobilă O$_3$, (relaţia 130) vom observa faptul că momentul motor M$_{m3}$ al actuatorului 3 se echilibrează doar cu momentul de inerţie M$_{iO3}$.

$$\sum M_{O_3}^{(3)} = 0 \Rightarrow$$
$$M_{m_3} + M_{iO_3} = 0 \Rightarrow M_{m_3} - J_{O_3} \cdot \varepsilon_3 = 0 \Rightarrow M_{m_3} = J_{O_3} \cdot \varepsilon_3 \quad (130)$$
$$\Rightarrow M_{m_3} = \left(m_s \cdot d_3^2 + m_3 \cdot s_3^2 + m_{III} \cdot \rho_3^2 \right) \cdot \ddot{\varphi}_{30}$$

Se determină şi componenta verticală a reacţiunii din cupla mobilă, interioară, O$_3$, prin realizarea echilibrului proiecţiilor pe axa y, a tuturor forţelor care acţionează pe elementul 3 (relaţia 131).

$$\begin{cases} \sum F_{(3)}^y = 0 \Rightarrow -m_{3'} \cdot g + R_{23}^y = 0 \Rightarrow \\ \Rightarrow R_{23}^y = m_{3'} \cdot g \Rightarrow \\ \Rightarrow R_{32}^y = -R_{23}^y = -m_{3'} \cdot g \end{cases} \qquad (131)$$

Componenta orizontală a reacţiunii din cupla cinematică mobilă O$_3$, este nulă ($R_{23}^x = -R_{32}^y = 0$).

Cap 10_Dinamica lanțului cinematic plan echilibrat

Din capitolul anterior reținem din cadrul cinetostaticii cele două relații dinamice care generează momentele motoare (ale actuatorilor) necesare, legate împreună în sistemul dinamic (132).

Aceste relații necesare în studiul dinamicii lanțului cinematic plan, se pot obține direct și printr-o altă metodă, în care se utilizează ecuațiile diferențiale Lagrange de speța a doua, și conservarea energiei cinetice a mecanismului.

Această metodă este mai directă comparativ cu studiul cinetostatic, dar prezintă dezavantajul că nu mai determină și încărcările (reacțiunile, forțele interioare) din cuplele cinematice ale lanțului studiat, necesare la calculul organologic de rezistența materialelor la solicitări, prin care se aleg unele dimensiuni (grosimi ori diametre) ale elementelor cinematice 2 și 3, și ale cuplelor de legătură.

$$
\begin{cases}
M_{m_2} = J^*_{O_2} \cdot \varepsilon_2 \\[2mm]
M_{m_3} = J_{O_3} \cdot \varepsilon_3 \\[4mm]
M_{m_2} = \left(m_2 \cdot s_2^2 + m_{II} \cdot \rho_2^2 + m_{3'} \cdot d_2^2 \right) \cdot \ddot{\varphi}_{20} \\[2mm]
M_{m_3} = \left(m_s \cdot d_3^2 + m_3 \cdot s_3^2 + m_{III} \cdot \rho_3^2 \right) \cdot \ddot{\varphi}_{30}
\end{cases}
\qquad (132)
$$

După echilibrare centrul de greutate al elementului 3 se mută din punctul S_3 în articulația mobilă O_3 (a se vedea figura 10), iar masa elementului 3 crește de la m_3 la $m_{3'}$; centrul de greutate al elementului 2 se deplasează din punctul S_2 în articulația fixă O_2, în vreme ce masa finală a elementului 2 concentrată în O_2 crește la valoarea $m_{2'}$.

Se determină mai întâi vitezele centrelor de greutate finale, deci vitezele liniare și unghiulare din cele două articulații O_2 și O_3 (relațiile 133).

Deci se determină vitezele liniare (componentele sau proiecțiile scalare pe axele x și y) ale celor două articulații, dar și vitezele unghiulare ale celor două elemente considerate concentrate fiecare în jurul articulației respective, conform figurii 11.

$$\begin{cases} \dot{x}_{O_2} = 0; \quad \dot{y}_{O_2} = 0; \quad \dot{\varphi}_{20} \equiv \omega_{20} \equiv \omega_2 \\ \\ \dot{x}_{O_3} = -d_2 \cdot \sin\varphi_{20} \cdot \omega_2; \quad \dot{y}_{O_3} = d_2 \cdot \cos\varphi_{20} \cdot \omega_2; \quad \dot{\varphi}_{30} \equiv \omega_{30} \equiv \omega_3 \end{cases} \qquad (133)$$

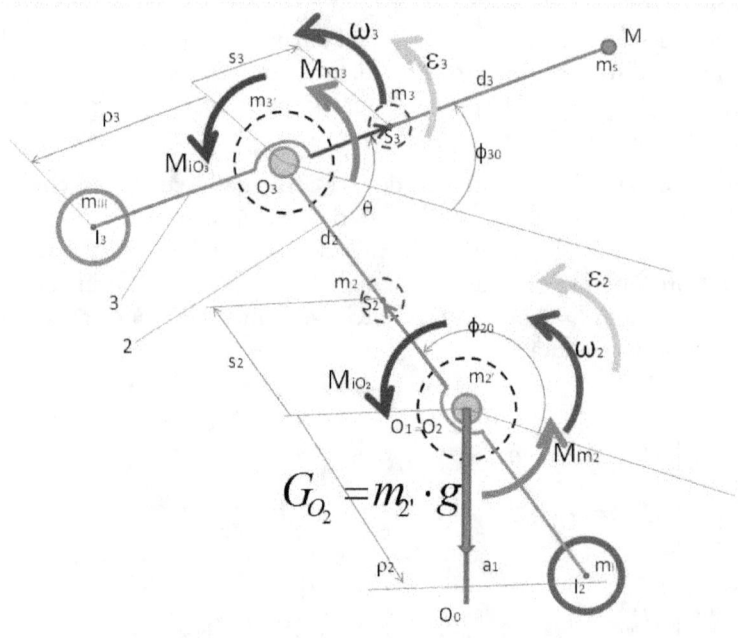

Fig. 11. *Dinamica lanţului cinematic plan echilibrat*

După viteze, urmează determinarea momentelor de inerţie masice sau mecanice, care pentru a nu fi confundate chiar cu momentele de inerţie, ar trebui denumite mase inerţiale sau mase de inerţie, ele reprezentând masa inerţială a fiecărui element, şi aşa cum masa fiecărui element generează prin amplificarea cu acceleraţia liniară a centrului de greutate al elementului forţa inerţială (liniară) a elementului respectiv (utilă în studiul dinamic), şi masa inerţială a fiecărui element generează prin amplificarea cu acceleraţia unghiulară momentul de inerţie al elementului respectiv considerat concentrat în jurul centrului de greutate al elementului.

Masele inerţiale se determină pe elemente, în jurul unei axe a elementului respectiv, într-un anumit punct, ele fiind variabile în general pe elementul respectiv în funcţie de punctul în jurul căruia se determină. În general ne interesează masa inerțială (momentul de inerție masic) în centrul de greutate al elementului respectiv, determinat în jurul axei de rotație (Oz).

Notația clasică a maselor inerțiale (a momentelor de inerție masice sau mecanice) este J, pentru a se putea diferenția astfel de momentele de inerție de rezistență, notate cu I, utilizate la calculele de rezistența materialelor. Între ele există o relație de legătură.

Din păcate, mulți specialiști notează astăzi momentele de inerție masice tot cu I la fel ca și cele de rezistență.

Pentru mase concentrate momentul de inerție masic (mecanic) determinat în raport cu o axă, în centrul de greutate, se calculează prin însumarea produselor dintre fiecare masă concentrată și pătratul distanței de la ea la punctul în care dorim să determinăm momentul de inerție masic, în cazul nostru centrul de greutate al elementului.

Pentru elementul 3, momentul de inerție masic sau mecanic, (masa inerțială) se determină prin relația (134).

$$J_{O_3} = m_s \cdot d_3^2 + m_3 \cdot s_3^2 + m_{III} \cdot \rho_3^2 \qquad (134)$$

Deci se înmulțește masa sarcinii m_s purtate de endefectorul M cu distanța d_3 de la endefector la centrul de greutate al elementului O_3 ridicată la pătrat și se însumează cu produsul dintre masa elementului 3 și pătratul distanței de la centrul de masă la articulația O_3, la care se mai adaugă și masa suplimentară m_{III} de echilibrare a elementului 3 multiplicată cu pătratul distanței de la punctul I_3 la articulația mobilă O_3.

Pentru elementul 2 se va determina momentul de inerție masic (mecanic) în jurul centrului final de greutate al elementului 2 (articulația fixă O_3), utilizând relația (135).

$$J_{O_2} = m_2 \cdot s_2^2 + m_{II} \cdot \rho_2^2 \qquad (135)$$

În continuare se determină energia cinetică a mecanismului (a lanțului cinematic plan), cu ajutorul relațiilor (136).

$$\begin{cases} E = \dfrac{1}{2} \cdot J_{O_2} \cdot \omega_2^2 + \dfrac{1}{2} \cdot J_{O_3} \cdot \omega_3^2 + \dfrac{1}{2} \cdot m_{3'} \cdot \dot{x}_{O_3}^2 + \dfrac{1}{2} \cdot m_{3'} \cdot \dot{y}_{O_3}^2 = \\[2mm] = \dfrac{1}{2} \cdot J_{O_2} \cdot \omega_2^2 + \dfrac{1}{2} \cdot J_{O_3} \cdot \omega_3^2 + \dfrac{1}{2} \cdot m_{3'} \cdot d_2^2 \cdot \omega_2^2 = \\[2mm] = \dfrac{1}{2} \cdot J_{O_3} \cdot \omega_3^2 + \dfrac{1}{2} \cdot \omega_2^2 \cdot \left(J_{O_2} + m_{3'} \cdot d_2^2 \right) = \\[2mm] = \dfrac{1}{2} \cdot J_{O_3} \cdot \omega_3^2 + \dfrac{1}{2} \cdot J_{O_2}^* \cdot \omega_2^2 \\[2mm] J_{O_2}^* = J_{O_2} + m_{3'} \cdot d_2^2 \end{cases} \qquad (136)$$

Ecuația energiei cinetice a lanțului cinematic plan deschis echilibrat se exprimă simplificat cu ajutorul relației finale (137).

$$E = \frac{1}{2} \cdot J_{O_3} \cdot \omega_3^2 + \frac{1}{2} \cdot J_{O_2}^* \cdot \omega_2^2 \qquad (137)$$

Se utilizează ecuațiile diferențiale Lagrange de speța a doua (relațiile 138).

$$\begin{cases} \dfrac{d}{dt} \left(\dfrac{\partial E}{\partial \dot{q}_k} \right) - \dfrac{\partial E}{\partial q_k} = Q_k \quad cu \quad k = 2,\ 3 \\[4mm] \dfrac{d}{dt} \left(\dfrac{\partial E}{\partial \dot{q}_2} \right) - \dfrac{\partial E}{\partial q_2} = Q_2 \\[4mm] \dfrac{d}{dt} \left(\dfrac{\partial E}{\partial \dot{q}_3} \right) - \dfrac{\partial E}{\partial q_3} = Q_3 \end{cases} \qquad (138)$$

Cum energia cinetică în acest caz nu depinde direct de parametrii cinematici de poziții q_2 și q_3, reprezentați de unghiurile de poziție φ_{20} și φ_{30}, se pot utiliza ecuațiile Lagrange simplificate la forma (139).

$$\begin{cases} \dfrac{d}{dt}\left(\dfrac{\partial E}{\partial \dot{q}_k}\right) = Q_k \quad cu \quad k=2,\ 3 \\[3mm] \dfrac{d}{dt}\left(\dfrac{\partial E}{\partial \dot{q}_2}\right) = Q_2 \Rightarrow \dfrac{d}{dt}\left(\dfrac{\partial E}{\partial \omega_2}\right) = M_{m_2} \\[3mm] \dfrac{d}{dt}\left(\dfrac{\partial E}{\partial \dot{q}_3}\right) = Q_3 \Rightarrow \dfrac{d}{dt}\left(\dfrac{\partial E}{\partial \omega_3}\right) = M_{m_3} \end{cases}$$
(139)

Înlocuind derivatele parţiale şi derivând în funcţie de timp, sistemul (139) ia forma (140).

$$\begin{cases} \dfrac{\partial E}{\partial \omega_2} = J_{O_2}^{*} \cdot \omega_2 \Rightarrow \dfrac{d}{dt}\left(\dfrac{\partial E}{\partial \omega_2}\right) = J_{O_2}^{*} \cdot \varepsilon_2 \Rightarrow J_{O_2}^{*} \cdot \varepsilon_2 = M_{m_2} \\[3mm] \dfrac{\partial E}{\partial \omega_3} = J_{O_3} \cdot \omega_3 \Rightarrow \dfrac{d}{dt}\left(\dfrac{\partial E}{\partial \omega_3}\right) = J_{O_3} \cdot \varepsilon_3 \Rightarrow J_{O_3} \cdot \varepsilon_3 = M_{m_3} \\[3mm] J_{O_2}^{*} \cdot \varepsilon_2 = M_{m_2} \\[2mm] J_{O_3} \cdot \varepsilon_3 = M_{m_3} \\[2mm] J_{O_2}^{*} = m_2 \cdot s_2^2 + m_{II} \cdot \rho_2^2 + m_{3'} \cdot d_2^2 \\[2mm] J_{O_3} = m_s \cdot d_3^2 + m_3 \cdot s_3^2 + m_{III} \cdot \rho_3^2 \\[3mm] M_{m_2} = \left(m_2 \cdot s_2^2 + m_{II} \cdot \rho_2^2 + m_{3'} \cdot d_2^2\right) \cdot \varepsilon_2 \\[2mm] M_{m_3} = \left(m_s \cdot d_3^2 + m_3 \cdot s_3^2 + m_{III} \cdot \rho_3^2\right) \cdot \varepsilon_3 \end{cases}$$
(140)

Cap 11_Cinematica dinamică a lanțului plan echilibrat

Se urmărește următorul „scenariu". Se cunosc următorii parametrii:

$$x_M, \ y_M, \ d_2, \ d_3, \ \omega_2, \ \dot{\theta}, \ M_{m_2}, \ M_{m_3}$$

Momentele motoarelor electrice (momentele actuatorilor) au valori ce variază într-o plajă restrânsă, odată cu valoarea vitezei unghiulare a motorului respectiv, conform diagramei caracteristice prezentate de producătorul respectiv.

Variația este în general de tipul celei prezentate în figura 12.

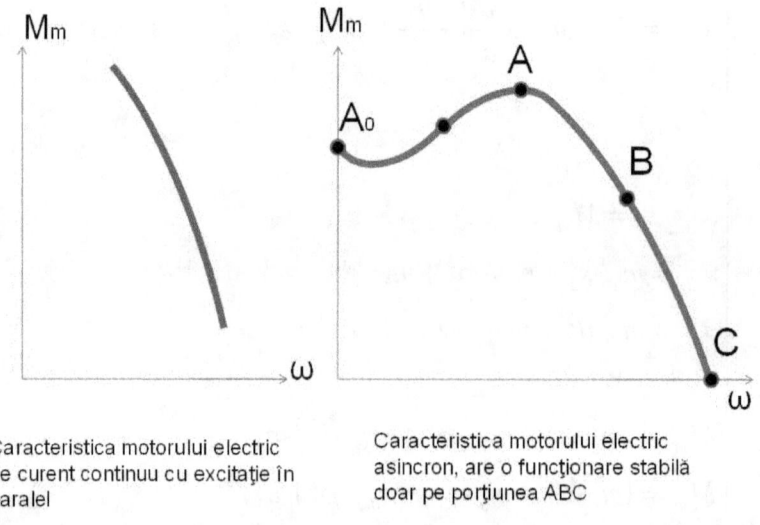

Caracteristica motorului electric de curent continuu cu excitație în paralel

Caracteristica motorului electric asincron, are o funcționare stabilă doar pe porțiunea ABC

Fig. 12. *Caracteristicile motoarelor electrice de curent continuu și alternativ (trifazice asincrone)*

După cum se poate vedea în figura 12, variația momentului cu viteza unghiulară este mică, astfel încât momentul motorului poate fi considerat constant pe toată porțiunea de funcționare.

O observație importantă ce nu trebuie trecută cu vederea este aceea că atât motoarele electrice, de curent continuu cât și cele de curent alternativ asincrone, au o caracteristică de funcționare stabilă.

Dacă sarcina crește viteza unghiulară a motorului și deci și cea a mecanismului (lanțului cinematic deschis) scade adaptându-se la sarcina crescută, iar atunci când sarcina scade și este posibilă o funcționare la o viteză mai ridicată în mod natural viteza unghiulară a actuatorului crește, conform caracteristicii sale funcționale interne.

Revenind la datele problemei cinematicii dinamice, se vor urmări în continuare relațiile de calcul derulate într-o ordine firească.

Se începe cu sistemul (141) prin care se determină și viteza unghiulară absolută a elementului 3, cea a elementului 2 fiind aceiași cu cea a actuatorului 2, iar pentru elementul 3 trebuind să se însumeze viteza actuatorului 2 cu cea a motorului 3.

Tot în sistemul (141) se determină și accelerațiile unghiulare absolute ale celor două elemente cinematice 2 și 3 ale lanțului plan deschis, cu ajutorul relațiilor cunoscute de la dinamica sistemului. Sistemul (141) reprezintă setul 0 de relații, în cinematica dinamică.

$$
\begin{cases}
\omega_3 = \dot{\theta} + \omega_2 \\[2em]
\varepsilon_2 = \dfrac{M_{m_2}}{m_{3'} \cdot d_2^2 + m_2 \cdot s_2^2 + m_{II} \cdot \rho_2^2} = \dfrac{M_{m_2}}{J_{O_2}^*} \\[2em]
\varepsilon_3 = \dfrac{M_{m_3}}{m_s \cdot d_3^2 + m_3 \cdot s_3^2 + m_{III} \cdot \rho_3^2} = \dfrac{M_{m_3}}{J_{O_3}}
\end{cases} \quad (141)
$$

Mai departe se vor determina rând pe rând parametrii cinematici poziționali necesari cu relațiile (142), considerate a fi setul I de relații.

$$\begin{cases}
d = \sqrt{x_M^2 + y_M^2} \\[4pt]
d^2 = x_M^2 + y_M^2 \\[4pt]
\cos\varphi = \dfrac{x_M}{d} \\[6pt]
\sin\varphi = \dfrac{y_M}{d} \\[6pt]
\cos O_2 = \dfrac{d_2^2 + d^2 - d_3^2}{2 \cdot d_2 \cdot d} \\[10pt]
\sin O_2 = \dfrac{\sqrt{4 \cdot d_2^2 \cdot d^2 - \left(d_2^2 + d^2 - d_3^2\right)^2}}{2 \cdot d_2 \cdot d} \\[10pt]
\cos\varphi_2 = \cos\varphi \cdot \cos O_2 \mp \sin\varphi \cdot \sin O_2 \\[4pt]
\sin\varphi_2 = \sin\varphi \cdot \cos O_2 \pm \sin O_2 \cdot \cos\varphi \\[4pt]
x = d_2 \cdot \cos\varphi_2 \\[4pt]
y = d_2 \cdot \sin\varphi_2 \\[4pt]
\varphi_2 = semn(\sin\varphi_2) \cdot \arccos(\cos\varphi_2) \\[12pt]
\\
\cos M = \dfrac{d_3^2 + d^2 - d_2^2}{2 \cdot d_3 \cdot d} \\[10pt]
\sin M = \dfrac{\sqrt{4 \cdot d_3^2 \cdot d^2 - \left(d_3^2 + d^2 - d_2^2\right)^2}}{2 \cdot d_3 \cdot d} \\[10pt]
\cos\varphi_3 = \cos\varphi \cdot \cos M \pm \sin\varphi \cdot \sin M \\[4pt]
\sin\varphi_3 = \sin\varphi \cdot \cos M \mp \sin M \cdot \cos\varphi \\[4pt]
\varphi_3 = semn(\sin\varphi_3) \cdot \arccos(\cos\varphi_3)
\end{cases} \tag{142}$$

Urmează setul II de relații în cinematica dinamică, sistemul (143), care generează vitezele și accelerațiile liniare ale punctelor O_3 și M. Pentru punctul O_3 ele vor fi notate fără nici o literă ca indice, iar pentru M vor fi notate cu indicele M. Setul III (144) determină vitezele şi acceleraţiile unghiulare exacte.

$$
\begin{cases}
\dot{x} = -y \cdot \omega_2 \\[2mm]
\dot{y} = x \cdot \omega_2 \\[2mm]
\ddot{x} = -x \cdot \omega_2^2 - y \cdot \varepsilon_2 \\[2mm]
\ddot{y} = -y \cdot \omega_2^2 + x \cdot \varepsilon_2 \\[2mm]
\dot{x}_M = \dot{x} - \left(y_M - y\right) \cdot \omega_3 \\[2mm]
\dot{y}_M = \dot{y} + \left(x_M - x\right) \cdot \omega_3 \\[2mm]
\ddot{x}_M = \ddot{x} - \left(\dot{y}_M - \dot{y}\right) \cdot \omega_3 - \left(y_M - y\right) \cdot \varepsilon_3 \\[2mm]
\ddot{y}_M = \ddot{y} + \left(\dot{x}_M - \dot{x}\right) \cdot \omega_3 + \left(x_M - x\right) \cdot \varepsilon_3
\end{cases}
\tag{143}
$$

$$
\begin{cases}
\omega_2 = \dfrac{\dot{y} \cdot \cos \varphi_2 - \dot{x} \cdot \sin \varphi_2}{d_2} \\[5mm]
\omega_3 = \dfrac{\left(\dot{y}_M - \dot{y}\right) \cdot \cos \varphi_3 - \left(\dot{x}_M - \dot{x}\right) \cdot \sin \varphi_3}{d_3} \\[5mm]
\varepsilon_2 = \dfrac{\ddot{y} \cdot \cos \varphi_2 - \ddot{x} \cdot \sin \varphi_2}{d_2} \\[5mm]
\varepsilon_3 = \dfrac{\left(\ddot{y}_M - \ddot{y}\right) \cdot \cos \varphi_3 - \left(\ddot{x}_M - \ddot{x}\right) \cdot \sin \varphi_3}{d_3}
\end{cases}
\tag{144}
$$

Se introduc valorile III în II și se recalculează II care devin II'. Apoi cu II' în III se recalculează și III care devine III'. La diferențe mici între valorile III și III' se oprește procesul iterativ, în caz contrar el trebuind să continue rezultând II" și III", etc.

Observație importantă!

Atunci când nu se cunosc momentele actuatorilor (de exemplu se utilizează niște motorașe avute la dispoziție, la care nu se cunosc caracteristicile tehnice, și deci nu se poate determina valoarea medie sau exactă a momentului generat în funcție de viteza unghiulară impusă), sau nu se cunosc exact parametrii de masă ai elementelor și sau încărcările exterioare, se poate utiliza cinematica dinamică simplă sau directă, fără setul 0 (se renunță practic la relațiile dinamice, Lagrange), utilizând numai relațiile din seturile I, II, și III, dar și cu vitezele unghiulare dorite (medii) cunoscute.

Se calculează normal pozițiile cu setul de relații I, se determină apoi vitezele și accelerațiile liniare cu setul II de relații existente, cunoscând vitezele unghiulare dorite (necesare) ale actuatorilor, iar pentru accelerațiile lor unghiulare inițiale (de amorsare) considerându-se valorile 0, numai în setul II.

Apoi vor rezulta oricum atât vitezele unghiulare exacte cât și accelerațiile unghiulare exacte din calculele efectuate cu setul III de relații, după care automat urmează cel puțin o iterație, recalculându-se II' și III'.

E bine în această situație să se mai efectueze o iterație sau chiar două, chiar dacă convergența e suficient de puternică. Se obțin astfel și II", III", și poate chiar II"' și III"'.

!Descrierea proceselor dinamice!

Masele și forțele (exterioare și interioare) ce acționează asupra lanțului cinematic influențează în mod direct vitezele unghiulare medii ale

elementelor lanțului cinematic plan echilibrat, ω_2, ω_3. Acestea determină cinematica reală, dinamică, a mecanismului, prin sistemele de ecuații II și III, influențând direct valorile vitezelor și accelerațiilor liniare și unghiulare efective pentru fiecare punct și element al lanțului în fiecare poziție a sa.

Acceleraţiile unghiulare efective ale celor două elemente ale lanţului

ε_{2*}, ε_{3*} în fiecare poziţie a sa obţinute cu III', ori III", sau chiar III"', determină variaţii ale momentelor actuatorilor, conform relaţiilor date de sistemul (132), variaţii care modifică imediat şi vitezele unghiulare medii de

intrare ω_2, ω_3 aducându-le la valorile instantanee $\omega_{2'}$, $\omega_{3'}$ determinate din diagramele caracteristice ale celor doi actuatori (pentru actuatorul 2 viteza unghiulară scoasă din diagrama sa caracteristică în funcţie de valoarea instantanee a momentului motor se va trece direct ca noua viteză unghiulară $\omega_{2'}$, dar pentru motorul 3 în funcţie de valoarea instantanee calculată a momentului motor M_{m3} se va determina din diagrama caracteristică valoarea instantanee a vitezei unghiulare a actuatorului 3, $\dot{\theta}$, cu care se va calcula noua valoare a vitezei unghiulare instantanee $\omega_{3'} = \omega_{2'} + \dot{\theta}$.

$$
\begin{cases}
M_{m_2} = J_{O_2}^* \cdot \varepsilon_2 \\
M_{m_3} = J_{O_3} \cdot \varepsilon_3 \\
\\
M_{m_2} = \left(m_2 \cdot s_2^2 + m_{II} \cdot \rho_2^2 + m_{3'} \cdot d_2^2 \right) \cdot \ddot{\varphi}_{20} \\
M_{m_3} = \left(m_s \cdot d_3^2 + m_3 \cdot s_3^2 + m_{III} \cdot \rho_3^2 \right) \cdot \ddot{\varphi}_{30}
\end{cases}
\tag{132}
$$

Se pot recalcula relaţiile sistemelor II şi III (care trec în II*, respectiv III*) pentru fiecare poziţie a mecanismului (a lanţului cinematic plan deschis), introducând în sistemul de viteze şi acceleraţii liniare II

(pentru vitezele şi acceleraţiile unghiulare de amorsare) valorile $\omega_{2'}$, $\omega_{3'}$ şi

ε_{2*}, ε_{3*}. Cu II* se recalculează III*.

Se obţin astfel din III* valorile exacte dinamice, reale, ale vitezelor şi acceleraţiilor unghiulare, ale mecanismului (lanţului cinematic plan, deschis, echilibrat). Şi aici se pot efectua mai multe iteraţii (fapt pentru care se indică, utilizarea unui program de calcul).

Cap 12_Structura sistemelor mecanice mobile paralele

În figura 1 se prezintă schema cinematică a unui sistem mecanic mobil paralel, având toate cele 12 cuple cinematice (care leagă cele şase picioare motoare de cele două platforme, fixă şi mobilă) de tip articulaţii sferice (cuple sferă în sferă, care permit toate rotaţiile posibile şi nu dau voie să se producă nici o translaţie), practic cuple de clasa a treia (C_3). Cuplele cinematice motoare (şase la număr) pot fi construite în două variante: C_5 sau C_4.

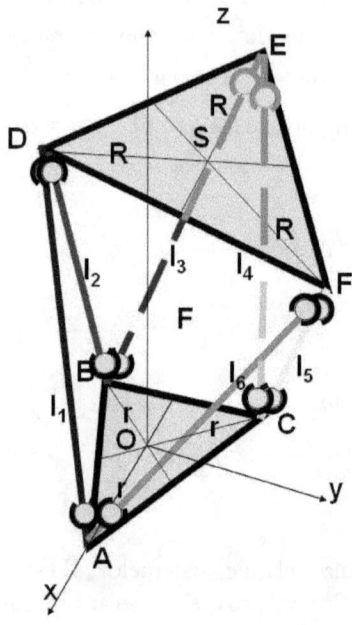

Fig. 1. *Articulaţiile dintre picioare şi platforme în mod normal trebuie să fie toate numai cuple cinematice sferă în sferă, adică cuple cinematice de clasa a treia (C_3)*

Cuplele sferă în sferă (articulaţiile sferice) permit rotaţiile în spaţiu pe toate cele trei axe, şi opresc toate translaţiile. Ele sunt mai dificil de realizat din punct de vedere tehnologic, sunt ceva mai scumpe şi în general au viaţa mai scurtă, uzura lor fiind destul de rapidă (chiar dacă suprafaţa de contact de tip sferă pe sferă este mare). Au însă marele avantaj al unui gabarit redus (masă şi volum reduse), (a se vedea figura 2). Viaţa lor poate fi prelungită printr-o proiectare optimă, printr-o prelucrare minuţioasă, printr-o ungere corespunzătoare, etc. Articulaţiile sferice sunt utilizate în industria constructoare de maşini, în special în cea a automobilelor. Ele sunt întâlnite la sistemele de prindere a roţilor (pivoţii basculelor), la articulaţiile sistemului de direcție, la oglinzile retrovizoare, la unele schimbătoare de viteze în sistemul de acționare, etc.

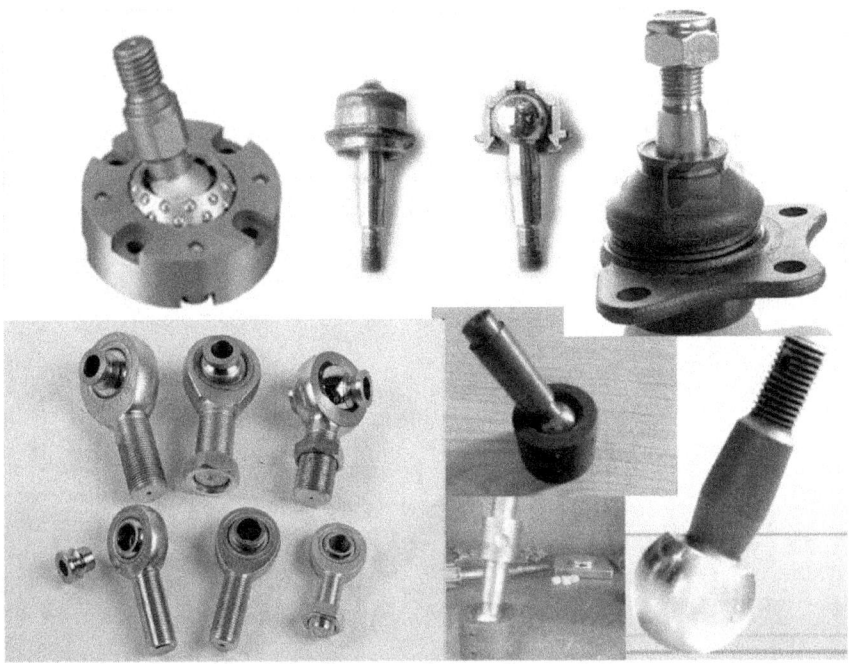

Fig. 2. *Articulațiile sferice au utilizări multiple*

Pentru un sistem paralel cu 12 articulații sferice (C_3), și 6 cuple motoare (C_5) numai de translație, de clasa a V-a, mobilitatea sistemului (mecanismului spațial) se calculează cu formula generală (1), (pentru un mecanism spațial de familia 0):

$$M_0 = 6 \cdot m - 5 \cdot C_5 - 4 \cdot C_4 - 3 \cdot C_3 - 2 \cdot C_2 - 1 \cdot C_1 =$$
$$= 6 \cdot m - 5 \cdot C_5 - 3 \cdot C_3 = 6 \cdot 13 - 5 \cdot 6 - 3 \cdot 12 = \qquad (1)$$
$$= 78 - 30 - 36 = 12$$

Unde m reprezintă numărul elementelor mobile ale mecanismului (sistemului), în cazul de față m fiind egal cu 13, deoarece cele șase picioare mobile sunt formate fiecare din câte două elemente (deci 6*2=12), iar una din platforme (cea superioară) este și ea mobilă (reprezențând cel de al treisprăzecelea element mobil al sistemului).

Din cele 12 grade de mobilitate ale sistemului numai 6 sunt active (ele reprezentând mişcările liniare ale motoarelor liniare). Celelalte şase grade de mobilitate sunt pasive (nu indică necesitatea utilizării unor actuatori suplimentari pentru realizarea lor). Ele sunt practic materializate prin şase mişcări de rotaţie suplimentare ale celor şase picioare, fiecare picior format din două elemente cinematice, considerat ca un solid, putându-se roti liber între cele două articulaţii sferice ale sale (prin care este legat la cele două platforme, cea fixă de la bază şi cea mobilă de sus), (a se urmări figura 3).

Deşi în general această rotaţie pasivă este aleatorie (cinematic nu este necesară), totuşi ea ajută la o mai bună mobilitate (mişcare) dinamică a mecanismului (sistemului).

Fig. 3. *Rotaţia pasivă a piciorului motor între cele două articulaţii sferice (C₃). Rotaţia între elementele de translaţie nu este permisă, când cupla motoare este una de translaţie de clasa a V-a (C₅)*

Practic, se utilizează în locul cuplelor motoare de translaţie (C₅) cuple motoare cilindrice (C₄) care pe lângă mişcarea de translaţie, permit şi o mişcare de rotaţie relativă între cele două bare ale cuplei motoare. Actuatorii liniari sunt construiţi în aşa fel încât fiecare să permită şi o mişcare de rotaţie relativă între cele două bare active. Mişcarea motoare este cea liniară, dar este permisă şi o mişcare de rotaţie relativă în cadrul motoelementului.

În această situaţie dispar cele şase cuple de clasa a V-a (C₅), ele fiind înlocuite în totalitate cu articulaţii mobile cilindrice de clasa a IV-a (C₄), (a se vedea figura 4). Formula gradului de mobilitate îmbracă aspectul (2).

$$M_0 = 6 \cdot m - 5 \cdot C_5 - 4 \cdot C_4 - 3 \cdot C_3 - 2 \cdot C_2 - 1 \cdot C_1 =$$
$$= 6 \cdot m - 4 \cdot C_4 - 3 \cdot C_3 = 6 \cdot 13 - 4 \cdot 6 - 3 \cdot 12 = 78 - 24 - 36 = 18$$

(2)

Mecanismul îşi sporeşte gradul de mobilitate, dar numai şase dintre aceste mobilităţi sunt active (ele se referă la mişcările liniare impuse de cei şase actuatori). În acest caz avem 12 mişcări pasive de rotaţie.

Fig. 4. *Pe lângă rotaţia pasivă a piciorului motor între cele două articulaţii sferice (C₃), mai are loc şi o rotaţie între cele două elemente de translaţie. Se utilizează acum o cuplă cinematică motoare cilindrică, de clasa a IV-a (C₄)*

Ambele variante prezentate sunt nu doar funcţionale dar au şi o dinamică mai bună.

Ele au fost utilizate la început chiar de Stewart. Acesta a propus apoi un sistem combinat, mai rigid (din punct de vedere dinamic) şi mai economic, în care şase dintre articulaţiile sferice (C₃) să fie înlocuite cu şase articulaţii de tip universal (cruce cardanică, etc), adică cu cuple de clasa a IV-a.

Deci din cele 12 cuple sferice C_3, rămân spre utilizare jumătate (şase cuple C_3), iar alte şase vor fi de clasa a IV-a (articulaţii universale) şi împreună cu articulaţiile cilindrice motoare (C_4) vor realiza la platforma Stewart 12 cuple C_4. Mobilitatea va fi dată de formula (3).

$$M_0 = 6 \cdot m - 5 \cdot C_5 - 4 \cdot C_4 - 3 \cdot C_3 - 2 \cdot C_2 - 1 \cdot C_1 =$$
$$= 6 \cdot m - 4 \cdot C_4 - 3 \cdot C_3 = 6 \cdot 13 - 4 \cdot 12 - 3 \cdot 6 = 78 - 48 - 18 = 12$$

(3)

El s-a impus imediat şi deşi se credea că înlocuind toate articulaţiile sferice cu articulaţii universale sistemul nu va mai funcţiona, totuşi cineva a încercat şi a văzut că merge şi aşa, şi aşa a şi rămas. Marea majoritate a platformelor paralele de tip Stewart au astăzi 12 articulații universale și 6 cuple motoare cilindrice toate fiind cuple cinematice de clasa a IV-a (C_4).

Dispar articulațiile C_3 și cuplele motoare C_5 și rămân doar articulații universale și cuple motoare cilindrice, toate de clasa cinematică C_4, (fig. 5).

Fig. 5. *Platforme moderne de tip Stewart cu 12 articulații universale*

Articulațiile universale utilizate pot fi din punct de vedere constructiv de mai multe feluri (a se vedea fig. 6).

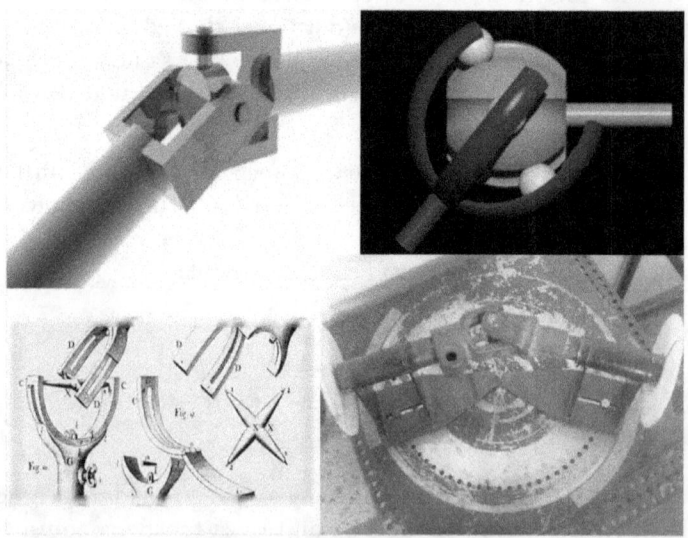

Fig. 6. *Articulații universale (diversitatea lor constructivă este mare)*

Formula de calcul a gradului de mobilitate se scrie acum sub forma mult simplificată (4).

$$M_0 = 6 \cdot m - 5 \cdot C_5 - 4 \cdot C_4 - 3 \cdot C_3 - 2 \cdot C_2 - 1 \cdot C_1 =$$
$$= 6 \cdot m - 4 \cdot C_4 = 6 \cdot 13 - 4 \cdot 18 = 78 - 72 = 6 \tag{4}$$

Deși pare mecanismul cel mai rigid (dinamic), cu numai șase grade de mobilitate, toate active, reprezentând cele șase mobilități liniare ale celor șase actuatori, acest sistem fără mobilități suplimentare, pasive, de rotație, a reușit să se impună ca o soluție mai judicioasă (din punct de vedere economico-financiar, dar și tehnologic, el fiind mai ușor de realizat, mai ieftin și mai fiabil; vezi figurile 5 și 7).

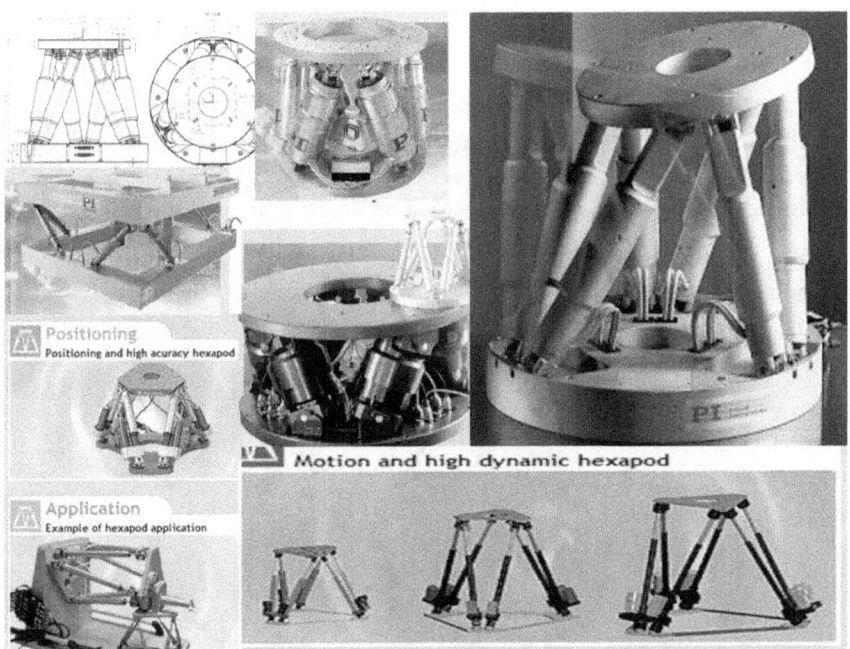

Fig. 7. *Platforme moderne de tip Stewart cu articulații universale*

Motoarele liniare (actuatorii) sunt de cele mai multe ori hidraulice (figura 8). Ele pot fi și electrice, pneumatice, etc, dar cele mai utilizate sunt pentru moment cele hidraulice.

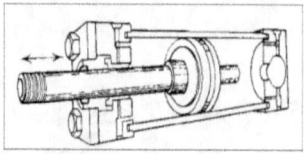

Fig. 8. *Motor (Actuator) liniar hidraulic*

Avantajele lor (ale actuatoarelor hidraulice în particular, dar şi ale sistemelor paralele în general) sunt reprezentate în primul rând de vitezele mari de lucru (asemeni sistemelor de acţionare de la tractoarele specializate), viteze mari cu păstrarea unei dinamici bune. Echilibrarea lor se face mai simplu (la sistemele hidraulice, care acţionează în mod implicit nu doar ca motoare ci şi ca amortizoare hidraulice, simultan). Sistemele paralele (în general) sunt mai rapide, mai dinamice, mai bine echilibrate, mai silenţioase, şi în special „mai rigide şi mai precise", comparativ cu structurile seriale.

Acolo unde este nevoie de rigiditate mare şi precizie ridicată se va lua în considerare (de la bun început) utilizarea unui sistem mecanic mobil paralel (la operatiile medicale, pe creier, sau pe măduva coloanei vertebrale, de exemplu, la operaţiile în medii toxice, chimice, nucleare, în industria grea, etc).

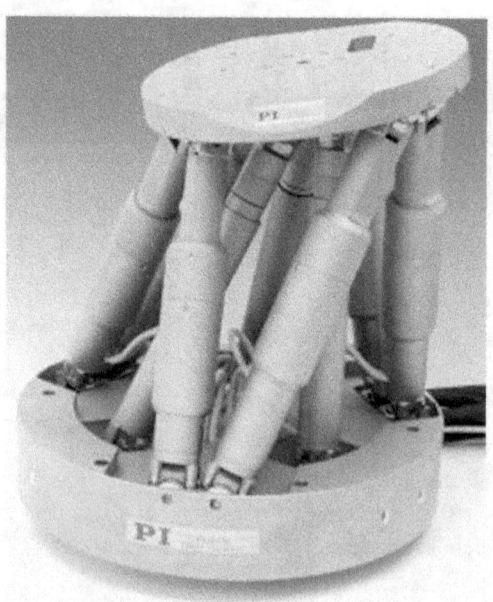

Fig. 9. *Sistem paralel cu nouă picioare liniare hidraulice*

Deşi pare exagerat, în unele medii amintite anterior (la operaţiile pe şira spinării) s-au introdus, la cererea medicilor specialişti, dispozitive bazate pe platforme paralele super rigidizate, prin suplimentarea celor şase picioare motoare cu încă trei, rezultând astfel în final nouă picioare (vezi figura 9).

Avem acum nouă picioare, fiecare din ele conţinând câte două elemente cinematice mobile şi câte trei cuple C_4.

Numărul elementelor mobile, m, se ridică acum la 9*2+1=19. Cuplele cinematice sunt numai de clasa a patra, C_4=9*3=27. Formula mobilităţii mecanismului (sistemului) fiind dată de relaţia (5).

$$M_0 = 6 \cdot m - 5 \cdot C_5 - 4 \cdot C_4 - 3 \cdot C_3 - 2 \cdot C_2 - 1 \cdot C_1 =$$
$$= 6 \cdot m - 4 \cdot C_4 = 6 \cdot 19 - 4 \cdot 27 = 114 - 108 = 6 \tag{5}$$

Sistemul având numai şase grade de mobilitate (toate active) va funcţiona identic celui prezentat în lucrarea de faţă, cu cei şase actuatori laterali, iar cele trei picioare suplimentare nu vor fi nişte motoare hidraulice suplimentare, ci numai nişte amortizori hidraulici suplimentari; ele vor fi practic trase, (antrenate) în permanenţă, de platforma mobilă superioară, şi în permanenţă ele vor opune o rezistenţă mişcării (vor realiza o frână, şi o amortizare suplimentară). Rigiditatea sistemului va creşte semnificativ.

Deşi pare mult mai complex (la prima vedere), acest sistem este acţionat identic cu cel clasic (cu şase actuatori laterali), iar calculele se fac la fel ca şi la sistemul Stewart clasic prezentat.

Cele trei picioare suplimentare realizând doar o mai bună stabilitate, susţinere, frânare şi mai ales o rigiditate sporită a întregului sistem.

Dacă se doreşte implementarea a nouă actuatori efectivi, atunci trebuie regândită structura mecanismului pentru obţinerea câtorva mobilităţi suplimentare (cel puţin trei). Pentru fiecare articulaţie universală transformată în una sferică se obţine un grad de mobilitate suplimentar. Pentru a avea mobilitatea mecanismului 9 în loc de 6 trebuie ca trei articulaţii universale să fie înlocuite cu trei cuple cinematice sferice. Cel mai logic ar fi să se înlocuiască cele trei articulaţii superioare ale picioarelor suplimentare. În acest caz formula mobilităţii ia forma (6).

$$M_0 = 6 \cdot m - 5 \cdot C_5 - 4 \cdot C_4 - 3 \cdot C_3 - 2 \cdot C_2 - 1 \cdot C_1 =$$
$$= 6 \cdot m - 4 \cdot C_4 - 3 \cdot C_3 = 6 \cdot 19 - 4 \cdot 24 - 3 \cdot 3 = 114 - 96 - 9 = 9 \tag{6}$$

În această situaţie teoria se modifică şi ea.

Chiar şi sistemele paralele clasice prezentate au o rigiditate foarte ridicată, şi o precizie foarte bună, putând să-şi păstreze echilibrul în timpul mişcărilor rapide cu o sarcină mare încărcată (vezi foto din figura 10). Sarcina este foarte mare, vitezele de deplasare sunt ridicate, înclinările mari şi bruşte nu lipsesc nici ele. Aşa cum se poate vedea în figura 10, încărcătura nu este ancorată, ci este aşezată liberă pe platforma mobilă (superioară).

Fig. 10. *Sistem paralel cu şase actuatoare liniare hidraulice, încărcat, în mişcare*

Cap 13_Cinematica inversă la platforma Stewart

Determinarea pozițiilor (și deplasărilor)

Sistemele mecanice mobile paralele sunt cele mai tinere sisteme robotizate. În 1954 în Anglia, a fost construit de V.E. Eric, primul sistem mecanic paralel, format din două straturi (platforme), având șase cuple pe un strat. Sistemul a fost studiat și prezentat oficial prin publicarea lui într-o lucrare științifică abia în 1965 de către D. Stewart, cercetător al Institutul de Mecanică Inginerească din UK (vezi figura 11, poza din stânga sus).

Lucrarea a reușit să introducă (asocieze) definitiv numele de „platforma Stewart", oricărei platforme duble având șase picioare legate prin 12 cuple sferice, câte șase cuple pe fiecare strat, (pentru ușurarea prelucrării cuplelor și pentru o cinematică mai rigidă adoptându-se ulterior șase cuple cardanice și doar șase articulații sferice, iar la final chiar toate cele 12 cuple devenind universale, vezi fig. 11).

Platforma inferioară, de bază, este mereu fixă. Dispozitivul ce se montează pe platforma superioară, mobilă, dispune împreună cu aceasta de șase grade de libertate, conferite de cele șase picioare mobile (motoare) care se pot lungi sau scurta conform unui program implementat. Deși are un spațiu relativ limitat de lucru, platforma superioară, mobilă, poate să se rotească oricum, să urce și coboare peste tot, sau doar în unele părți, având astfel posibilități mari de poziționare și o mobilitate generală superioară.

Avantajele ei principale față de sistemele mecanice seriale sunt: rigiditatea sporită, precizia foarte mare de poziționare, viteza de lucru foarte ridicată cu menținerea preciziei de poziționare, o echilibrare naturală prin cele șase picioare mobile (la care se mai pot adăuga însă și alte echilibrări suplimentare, cea mai simplă fiind cea cu arcuri ce îmbracă fiecare picior). Sistemul paralel este mai simplu din punct de vedere constructiv-tehnologic în comparație cu cel serial. Forțele pe care le poate utiliza un sistem paralel sunt mult superioare celor realizate de sistemele seriale. Mișcările pot fi extrem de rapide și variate. Pentru o rigidizare și mai mare a sistemului se utilizează 9 sau 12 picioare în loc de șase. Există încercări și cu 24 (personal cred că nu este cazul să exagerăm). Astăzi există foarte multe variante geometro constructive, dar în general ele aduc fie complicații inutile, fie scad rigiditatea sistemului, viteza sa de deplasare, ori precizia de poziționare, ori reduc manevrabilitatea sistemului. Din aceste motive (cum tot sistemul inițial pare să fie mai performant) vom studia în continuare geometria și cinematica sa, pe un model teoretic simplu, prezentat în figura 11, model care aproximează foarte bine mecanismul inițial (Stewart).

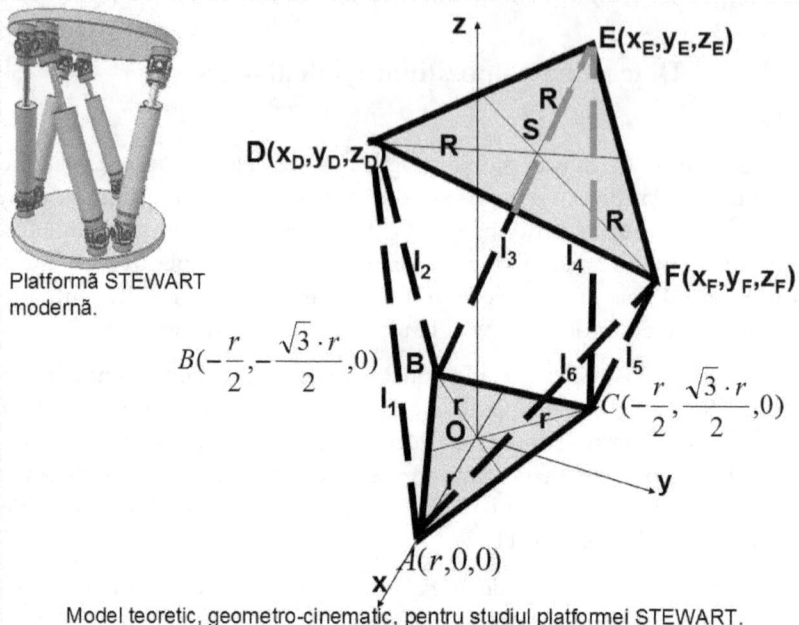

Platformă STEWART
modernă.

Model teoretic, geometro-cinematic, pentru studiul platformei STEWART.

Fig. 11. *Geometria și cinematica unei platforme Stewart*

Se utilizează pentru simplificarea calculelor câte un triunghi echilateral înscris în cercul platformelor inferioară și superioară. Pentru bază se ia triunghiul ABC (fix), având sistemul de axe fix, rectangular xOyz, iar pentru platforma mobilă (superioară) se adoptă triunghiul echilateral mobil DEF (lipt pe platforma mobilă). Centrul triunghiului fix este O, iar al celui mobil este S.

Cinematica inversă este mult mai ușor de determinat, dar ea va fi studiată în continuare din motive raționale, fiind mai logic să se impună anumite poziții succesive ale platformei mobile (pe care aceasta trebuie să le ocupe pe rând) și pe baza lor să determinăm lungimea celor șase brațe sau picioare corespunzătoare pentru fiecare poziție impusă în parte.

În figura 12 se determină parametrii de poziție (coordonatele carteziene spațiale) pentru punctele fixe A, B, C. Pentru punctul A obținem x=r, iar y=z=0.

Pentru punctul B se utilizează relațiile (7), iar pentru determinarea coordonatelor punctului C se consideră sistemul (8).

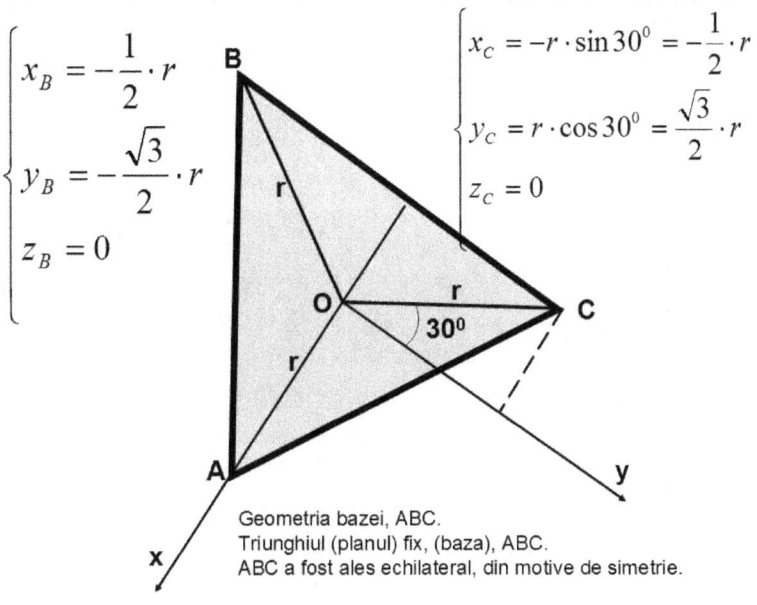

$$\begin{cases} x_B = -\dfrac{1}{2} \cdot r \\[2mm] y_B = -\dfrac{\sqrt{3}}{2} \cdot r \\[2mm] z_B = 0 \end{cases}$$

$$\begin{cases} x_C = -r \cdot \sin 30^0 = -\dfrac{1}{2} \cdot r \\[2mm] y_C = r \cdot \cos 30^0 = \dfrac{\sqrt{3}}{2} \cdot r \\[2mm] z_C = 0 \end{cases}$$

Geometria bazei, ABC.
Triunghiul (planul) fix, (baza), ABC.
ABC a fost ales echilateral, din motive de simetrie.

Fig. 12. *Geometria bazei (planului fix) ABC*

Se utilizează relațiile de calcul (7) și (8).

$$\begin{cases} x_B = -\dfrac{1}{2} \cdot r \\[3mm] y_B = -\dfrac{\sqrt{3}}{2} \cdot r \\[3mm] z_B = 0 \end{cases} \tag{7}$$

$$\begin{cases} x_C = -r \cdot \sin 30^0 = -\dfrac{1}{2} \cdot r \\[3mm] y_C = r \cdot \cos 30^0 = \dfrac{\sqrt{3}}{2} \cdot r \\[3mm] z_C = 0 \end{cases} \tag{8}$$

Pentru platforma mobilă DEF (vezi figura 13) se pot scrie ecuaţiile (9). Practic am scris distanţele dintre vârfurile triunghiului DEF (luate două câte două) în coordonate carteziene spaţiale; (permanent se vor utiliza cunoştinţele elementare de geometrie analitică).

$$\begin{cases} (x_D - x_F)^2 + (y_D - y_F)^2 + (z_D - z_F)^2 = 3 \cdot R^2 \\ (x_D - x_E)^2 + (y_D - y_E)^2 + (z_D - z_E)^2 = 3 \cdot R^2 \\ (x_E - x_F)^2 + (y_E - y_F)^2 + (z_E - z_F)^2 = 3 \cdot R^2 \end{cases} \quad (9)$$

Se repetă procedeul de data aceasta scriind însă distanţele dintre centrul triunghiului mobil, S, şi fiecare vârf al triunghiului DEF. Se obţine sistemul de ecuaţii (10).

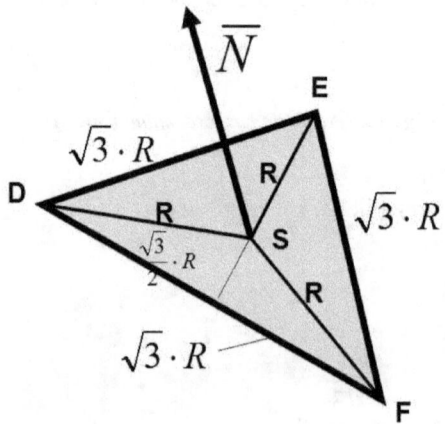

Geometria triunghiului mobil, DEF.
Triunghiul (planul) mobil, DEF. Vectorul N, perpendicular pe planul mobil DEF, poziţionat în S, unde S este centrul de simetrie al triunghiului DEF.
Pentru simplificarea calculelor s-a considerat triunghiul DEF echilateral.
(În particular R poate coincide cu r).

Fig. 13. *Geometria planului mobil DEF*

$$\begin{cases} (x_D - x_S)^2 + (y_D - y_S)^2 + (z_D - z_S)^2 = R^2 \\ (x_E - x_S)^2 + (y_E - y_S)^2 + (z_E - z_S)^2 = R^2 \\ (x_F - x_S)^2 + (y_F - y_S)^2 + (z_F - z_S)^2 = R^2 \end{cases} \quad (10)$$

Se scrie acum ecuația planului DEF sub forma generală (11), unde D este un punct oarecare al planului, S este un punct special (central) din plan, iar vectorul N este vectorul perpendicular pe plan, considerat în punctul special ales S.

Parametrii geometrici (scalari) de poziție (α, β, γ) ai vectorului N sunt cunoscuți.

Ecuația generală a unui plan spune că orice dreaptă din plan înmulțită scalar cu vectorul N perpendicular pe plan generează produsul 0.

$$\overline{DS} \cdot \overline{N} = 0 \qquad (11)$$

Punctului D i se vor atribui succesiv valorile D, E, F, iar ecuația planului (11) scrisă scalar, va căpăta formele (12).

$$\begin{cases} (x_D - x_S) \cdot \alpha + (y_D - y_S) \cdot \beta + (z_D - z_S) \cdot \gamma = 0 \\ (x_E - x_S) \cdot \alpha + (y_E - y_S) \cdot \beta + (z_E - z_S) \cdot \gamma = 0 \\ (x_F - x_S) \cdot \alpha + (y_F - y_S) \cdot \beta + (z_F - z_S) \cdot \gamma = 0 \end{cases} \qquad (12)$$

Parametrii scalari x_S, y_S, z_S, α, β, γ, sunt cunoscuți. Cu ajutorul sistemelor (12) și (10) se pot determina imediat parametrii scalari ai unui punct de pe cercul mobil, alegând pentru determinarea inițială punctul D, spre exemplu.

Trebuie ca acest punct să fie cunoscut (poziționat) cel puțin printr-o coordonată de a sa.

Presupunem cunoscută coordonata z_D spre exemplu (se cunoaște înclinația planului mobil prin α, β, γ, se știe unde trebuie să se afle punctul central S, cunoscându-se x_S, y_S, z_S, dar trebuie cunoscută și înălțimea z_D, a unui punct de pe cercul mobil).

Se determină apoi celelalte două coordonate scalare x_D și y_D. Utilizând sistemul (13) format din prima relație a sistemului (12) și prima ecuație a sistemului (10).

$$\begin{cases} (x_D - x_S) \cdot \alpha + (y_D - y_S) \cdot \beta = (z_S - z_D) \cdot \gamma \\ (x_D - x_S)^2 + (y_D - y_S)^2 = R^2 - (z_D - z_S)^2 \end{cases} \qquad (13)$$

Pentru rezolvare se introduc notațiile (14). Din (13) cu notațiile (14) se obține sistemul (15), care se rezolvă succesiv prin relațiile (16) ce conduc la o ecuație de gradul 2 cu necunoscuta y, a cărei soluție este dată de prima și a doua relație a sistemului (17), în timp ce cea de-a treia relație a sistemului (17) îl calculează pe x.

$$\begin{cases} x = x_D - x_S \\ y = y_D - y_S \\ \theta = (z_S - z_D) \cdot \gamma \\ L^2 = R^2 - (z_D - z_S)^2 \end{cases} \tag{14}$$

$$\begin{cases} \alpha \cdot x + \beta \cdot y = \theta \\ x^2 + y^2 = L^2 \end{cases} \tag{15}$$

$$\begin{cases} x = \dfrac{\theta - \beta \cdot y}{\alpha} \quad x^2 = \dfrac{\theta^2 + \beta^2 \cdot y^2 - 2 \cdot \theta \cdot \beta \cdot y}{\alpha^2} \\ \theta^2 + \beta^2 \cdot y^2 - 2 \cdot \theta \cdot \beta \cdot y + \alpha^2 \cdot y^2 = \alpha^2 \cdot L^2 \\ (\alpha^2 + \beta^2) \cdot y^2 - 2 \cdot \theta \cdot \beta \cdot y - (\alpha^2 \cdot L^2 - \theta^2) = 0 \end{cases} \tag{16}$$

$$\begin{cases} y_{1,2} = \dfrac{\theta \cdot \beta \pm \sqrt{\theta^2 \cdot \beta^2 + (\alpha^2 + \beta^2) \cdot (\alpha^2 \cdot L^2 - \theta^2)}}{\alpha^2 + \beta^2} \\ y_{1,2} = \dfrac{\theta \cdot \beta \pm \alpha \cdot \sqrt{(\alpha^2 + \beta^2) \cdot L^2 - \theta^2}}{\alpha^2 + \beta^2} \\ x_{1,2} = \dfrac{\theta - \beta \cdot y}{\alpha} = \dfrac{\theta}{\alpha} - \dfrac{\beta}{\alpha} \cdot y_{1,2} \end{cases} \tag{17}$$

Pentru poziționarea corespunzătoare a punctului D se alege inițial soluția negativă (dacă aceasta nu va corespunde se va realege soluția pozitivă). Se obțin astfel parametrii scalari ai punctului D (relația 18).

$$\begin{cases} y = \dfrac{\theta \cdot \beta - \alpha \cdot \sqrt{(\alpha^2 + \beta^2) \cdot L^2 - \theta^2}}{\alpha^2 + \beta^2} & y_D = y + y_S \\[4mm] x = \dfrac{\theta - \beta \cdot y}{\alpha} = \dfrac{\theta}{\alpha} - \dfrac{\beta}{\alpha} \cdot y & x_D = x + x_S \quad\quad (18) \\[4mm] \Rightarrow D(x_D, y_D, z_D) \end{cases}$$

Din (12, 10, 9) se aleg în continuare ecuaţiile cu care se scrie sistemul (19), astfel încât să avem ca necunoscute numai coordonatele scalare ale punctului E, adică x_E, y_E, z_E. Sistemul astfel obţinut este unul neliniar.

$$\begin{cases} (x_E - x_S) \cdot \alpha + (y_E - y_S) \cdot \beta + (z_E - z_S) \cdot \gamma = 0 \\ (x_E - x_S)^2 + (y_E - y_S)^2 + (z_E - z_S)^2 = R^2 \\ (x_E - x_D)^2 + (y_E - y_D)^2 + (z_E - z_D)^2 = 3 \cdot R^2 \end{cases} \quad (19)$$

Pentru rezolvare, sistemul (19) trebuie liniarizat. Se ridică la pătrat ultimile două relaţii ale sistemului şi se scade a doua din a treia. Se obţine relaţia a treia din sistemul (20), care se aranjează la o formă mai convenabilă prinsă în sistemul (21) împreună şi cu prima relaţie a sistemului (19) ordonată şi ea corespunzător.

$$\begin{cases} x_E^2 + x_S^2 - 2 \cdot x_S \cdot x_E + y_E^2 + y_S^2 - 2 \cdot y_S \cdot y_E + z_E^2 + z_S^2 - 2 \cdot z_S \cdot z_E = R^2 \\ x_E^2 + x_D^2 - 2 \cdot x_D \cdot x_E + y_E^2 + y_D^2 - 2 \cdot y_D \cdot y_E + z_E^2 + z_D^2 - 2 \cdot z_D \cdot z_E = 3 \cdot R^2 \\ \text{--} \\ x_D^2 - x_S^2 + 2 \cdot (x_S - x_D) \cdot x_E + y_D^2 - y_S^2 + 2 \cdot (y_S - y_D) \cdot y_E + z_D^2 - z_S^2 + \\ + 2 \cdot (z_S - z_D) \cdot z_E = 2 \cdot R^2 \end{cases} \quad (20)$$

$$\begin{cases} 2 \cdot (x_S - x_D) \cdot x_E + 2 \cdot (y_S - y_D) \cdot y_E + 2 \cdot (z_S - z_D) \cdot z_E = \\ = 2 \cdot R^2 + x_S^2 + y_S^2 + z_S^2 - x_D^2 - y_D^2 - z_D^2 \\ \alpha \cdot x_E + \beta \cdot y_E + \gamma \cdot z_E = \alpha \cdot x_S + \beta \cdot y_S + \gamma \cdot z_S \end{cases} \quad (21)$$

Din a doua relaţie a sistemului (21) se explicitează z_E, (vezi relaţia (22), care se introduce apoi în prima relaţie a sistemului (21) eliminându-se astfel parametrul z_E, şi obţinându-se relaţia (23) liniară, cu y_E în funcţie de x_E, unde coeficienţii k_1, k_2, se determină cu relaţiile sistemului (24).

$$z_E = \frac{\alpha}{\gamma} \cdot x_S + \frac{\beta}{\gamma} \cdot y_S + z_S - \frac{\alpha}{\gamma} \cdot x_E - \frac{\beta}{\gamma} \cdot y_E \qquad (22)$$

$$y_E = k_1 + k_2 \cdot x_E \qquad (23)$$

$$\begin{cases} k_1 = \left[2 \cdot R^2 + x_S^2 + y_S^2 + z_S^2 - x_D^2 - y_D^2 - z_D^2 - 2 \cdot (z_S - z_D) \cdot \frac{\alpha}{\gamma} \cdot x_S - \right. \\ \left. - 2 \cdot (z_S - z_D) \cdot \frac{\beta}{\gamma} \cdot y_S - 2 \cdot (z_S - z_D) \cdot z_S \right] : \left[2 \cdot (y_S - y_D) - 2 \cdot (z_S - z_D) \cdot \frac{\beta}{\gamma} \right] \\ k_2 = \dfrac{(x_D - x_S) + (z_S - z_D) \cdot \dfrac{\alpha}{\gamma}}{(y_S - y_D) - (z_S - z_D) \cdot \dfrac{\beta}{\gamma}} \end{cases} \qquad (24)$$

Se înlocuieşte acum y_E dat de relaţia (23) în expresia (22) şi se obţine în acest fel o a doua relaţie liniară, între parametrii z_E şi x_E, (ecuaţia 25), ai cărei coeficienţi k3, k4, sunt daţi de sistemul (26).

$$z_E = k_3 - k_4 \cdot x_E \qquad (25)$$

$$\begin{cases} k_3 = \dfrac{\alpha}{\gamma} \cdot x_S + \dfrac{\beta}{\gamma} \cdot y_S + z_S - \dfrac{\beta}{\gamma} \cdot k_1 \\ k_4 = \dfrac{\alpha}{\gamma} + \dfrac{\beta}{\gamma} \cdot k_2 \end{cases} \qquad (26)$$

Relaţiile (23) şi (25) se introduc simultan în prima relaţie a sistemului (20) obţinându-se astfel o ecuaţie de gradul doi în x_E (relaţia 27), care se ordonează la forma (28).

$$x_E^2 - 2 \cdot x_S \cdot x_E + (k_1 + k_2 \cdot x_E)^2 - 2 \cdot y_S \cdot (k_1 + k_2 \cdot x_E) + (k_3 - k_4 \cdot x_E)^2 -$$
$$- 2 \cdot z_S \cdot (k_3 - k_4 \cdot x_E) = R^2 - x_S^2 - y_S^2 - z_S^2 \tag{27}$$

$$(1 + k_2^2 + k_4^2) \cdot x_E^2 - 2 \cdot (x_S - k_1 \cdot k_2 + k_2 \cdot y_S + k_3 \cdot k_4) \cdot x_E +$$
$$+ k_1^2 - 2 \cdot k_1 \cdot y_S + k_3^2 - 2 \cdot k_3 \cdot z_S - R^2 + x_S^2 + y_S^2 + z_S^2 = 0 \tag{28}$$

Notăm coeficienţii ecuaţiei (28) de gradul doi în x_E, cu a_1, b_1, c_1, (vezi relaţia 29). Ecuaţia (28) capătă forma simplificată (30), care acceptă soluţiile reale (31).

$$\begin{cases} a_1 = 1 + k_2^2 + k_4^2 \\ b_1 \equiv -\dfrac{b}{2} = x_S - k_1 \cdot k_2 + k_2 \cdot y_S + k_3 \cdot k_4 \\ c_1 = k_1^2 - 2 \cdot k_1 \cdot y_S + k_3^2 - 2 \cdot k_3 \cdot z_S - R^2 + x_S^2 + y_S^2 + z_S^2 \end{cases} \tag{29}$$

$$a_1 \cdot x_E^2 - 2 \cdot b_1 \cdot x_E + c_1 = 0 \tag{30}$$

$$x_{E_{1,2}} = \frac{b_1 \pm \sqrt{b_1^2 - a_1 \cdot c_1}}{a_1} \tag{31}$$

Ne găsim din nou în faţa a două soluţii trebuind să o alegem pe cea corectă. Alegem o soluţie şi dacă calculele nu corespund poziţiei dorite (reprezentate şi pe un desen) realegem cealaltă soluţie (una din ele va corespunde obligatoriu). Probabil, soluţia va fi cea negativă. Se scriu toţi parametrii scalari ai punctului E, cu relaţiile (32).

$$\begin{cases} x_E = \dfrac{b_1}{a_1} - \sqrt{\left(\dfrac{b_1}{a_1}\right)^2 - \dfrac{c_1}{a_1}} \\ y_E = k_1 + k_2 \cdot x_E \\ z_E = k_3 - k_4 \cdot x_E \end{cases} \tag{32}$$

Am aflat deja coordonatele punctelor mobile D și E (situate în vârfurile triunghiului mobil DEF), și mai trebuie determinate coordonatele carteziene (rectangulare, scalare) ale punctului mobil F.

Din sistemele inițiale (12, 10, 9) putem alege pentru utilizare patru relații (una din 12, una din 10, și două de la 9), relații cu care se scrie sistemul (33).

$$\begin{cases} (x_F - x_S) \cdot \alpha + (y_F - y_S) \cdot \beta + (z_F - z_S) \cdot \gamma = 0 \\ (x_F - x_S)^2 + (y_F - y_S)^2 + (z_F - z_S)^2 = R^2 \\ (x_F - x_D)^2 + (y_F - y_D)^2 + (z_F - z_D)^2 = 3 \cdot R^2 \\ (x_F - x_E)^2 + (y_F - y_E)^2 + (z_F - z_E)^2 = 3 \cdot R^2 \end{cases} \quad (33)$$

Se ridică la pătrat binoamele ultimelor două relații ale sistemului (33), expresiile obținute (34) se adună rezultând ecuația (35), care se aranjează apoi convenabil la forma finală (36).

$$\begin{cases} x_F^2 + x_D^2 - 2 \cdot x_D \cdot x_F + y_F^2 + y_D^2 - 2 \cdot y_D \cdot y_F + z_F^2 + z_D^2 - 2 \cdot z_D \cdot z_F = 3 \cdot R^2 \\ x_F^2 + x_E^2 - 2 \cdot x_E \cdot x_F + y_F^2 + y_E^2 - 2 \cdot y_E \cdot y_F + z_F^2 + z_E^2 - 2 \cdot z_E \cdot z_F = 3 \cdot R^2 \end{cases} \quad (34)$$

$$\begin{aligned} x_D^2 - x_E^2 + 2 \cdot (x_E - x_D) \cdot x_F + y_D^2 - y_E^2 + \\ + 2 \cdot (y_E - y_D) \cdot y_F + z_D^2 - z_E^2 + 2 \cdot (z_E - z_D) \cdot z_F = 0 \end{aligned} \quad (35)$$

$$\begin{aligned} 2 \cdot (x_E - x_D) \cdot x_F + 2 \cdot (y_E - y_D) \cdot y_F + 2 \cdot (z_E - z_D) \cdot z_F = \\ = x_E^2 - x_D^2 + y_E^2 - y_D^2 + z_E^2 - z_D^2 \end{aligned} \quad (36)$$

Se repetă procedura pentru cuplul ecuațiilor doi și trei aparținând sistemului (33); obținem sistemul de două ecuații (37), care adunate dau relația (38), ce se aranjează convenabil în expresia (39).

$$\begin{cases} x_F^2 + x_S^2 - 2 \cdot x_S \cdot x_F + y_F^2 + y_S^2 - 2 \cdot y_S \cdot y_F + z_F^2 + z_S^2 - 2 \cdot z_S \cdot z_F = R^2 \\ x_F^2 + x_D^2 - 2 \cdot x_D \cdot x_F + y_F^2 + y_D^2 - 2 \cdot y_D \cdot y_F + z_F^2 + z_D^2 - 2 \cdot z_D \cdot z_F = 3 \cdot R^2 \end{cases} \quad (37)$$

$$x_D^2 - x_S^2 + 2 \cdot (x_S - x_D) \cdot x_F + y_D^2 - y_S^2 +$$
$$+ 2 \cdot (y_S - y_D) \cdot y_F + z_D^2 - z_S^2 + 2 \cdot (z_S - z_D) \cdot z_F = 2 \cdot R^2 \tag{38}$$

$$2 \cdot (x_S - x_D) \cdot x_F + 2 \cdot (y_S - y_D) \cdot y_F + 2 \cdot (z_S - z_D) \cdot z_F =$$
$$= 2 \cdot R^2 + x_S^2 - x_D^2 + y_S^2 - y_D^2 + z_S^2 - z_D^2 \tag{39}$$

Se reține sistemul liniar (40) de trei ecuații cu trei necunoscute, cele trei ecuații fiind (36), (39) și prima relație a sistemului (33) desfăcută.

$$\begin{cases} 2(x_E - x_D)x_F + 2(y_E - y_D)y_F + 2(z_E - z_D)z_F = x_E^2 - x_D^2 + y_E^2 - y_D^2 + z_E^2 - z_D^2 \\ 2(x_S - x_D)x_F + 2(y_S - y_D)y_F + 2(z_S - z_D)z_F = 2R^2 + x_S^2 - x_D^2 + y_S^2 - y_D^2 + z_S^2 - z_D^2 \\ \alpha \cdot x_F + \beta \cdot y_F + \gamma \cdot z_F = \alpha \cdot x_S + \beta \cdot y_S + \gamma \cdot z_S \end{cases} \tag{40}$$

Sistemul (40) se scrie sub forma clasică (41).

$$\begin{cases} a_{11} \cdot x_F + a_{12} \cdot y_F + a_{13} \cdot z_F = b_1 \\ a_{21} \cdot x_F + a_{22} \cdot y_F + a_{23} \cdot z_F = b_2 \\ a_{31} \cdot x_F + a_{32} \cdot y_F + a_{33} \cdot z_F = b_3 \end{cases} \tag{41}$$

Coeficienții sistemului (41) se determină cu relațiile (42).

$$\begin{cases} a_{11} = 2 \cdot (x_E - x_D); \quad a_{12} = 2 \cdot (y_E - y_D); \quad a_{13} = 2 \cdot (z_E - z_D); \\ b_1 = x_E^2 - x_D^2 + y_E^2 - y_D^2 + z_E^2 - z_D^2; \\ a_{21} = 2 \cdot (x_S - x_D); \quad a_{22} = 2 \cdot (y_S - y_D); \quad a_{23} = 2 \cdot (z_S - z_D); \\ b_2 = 2 \cdot R^2 + x_S^2 - x_D^2 + y_S^2 - y_D^2 + z_S^2 - z_D^2; \\ a_{31} = \alpha; \quad a_{32} = \beta; \quad a_{33} = \gamma; \quad b_3 = \alpha \cdot x_S + \beta \cdot y_S + \gamma \cdot z_S \end{cases} \tag{42}$$

Determinanții sistemului (41) se determină cu relațiile (43-46).

$$\Delta = \begin{vmatrix} a_{11} & a_{12} & a_{13} \\ a_{21} & a_{22} & a_{23} \\ a_{31} & a_{32} & a_{33} \end{vmatrix} = a_{11} \cdot (a_{22} \cdot a_{33} - a_{23} \cdot a_{32}) +$$

$$+ a_{12} \cdot (a_{23} \cdot a_{31} - a_{21} \cdot a_{33}) + a_{13} \cdot (a_{21} \cdot a_{32} - a_{22} \cdot a_{31})$$

(43)

$$\Delta_x = \begin{vmatrix} b_1 & a_{12} & a_{13} \\ b_2 & a_{22} & a_{23} \\ b_3 & a_{32} & a_{33} \end{vmatrix} = b_1 \cdot (a_{22} \cdot a_{33} - a_{23} \cdot a_{32}) +$$

$$+ a_{12} \cdot (a_{23} \cdot b_3 - b_2 \cdot a_{33}) + a_{13} \cdot (b_2 \cdot a_{32} - a_{22} \cdot b_3)$$

(44)

$$\Delta_y = \begin{vmatrix} a_{11} & b_1 & a_{13} \\ a_{21} & b_2 & a_{23} \\ a_{31} & b_3 & a_{33} \end{vmatrix} = a_{11} \cdot (b_2 \cdot a_{33} - a_{23} \cdot b_3) +$$

$$+ b_1 \cdot (a_{23} \cdot a_{31} - a_{21} \cdot a_{33}) + a_{13} \cdot (a_{21} \cdot b_3 - b_2 \cdot a_{31})$$

(45)

$$\Delta_z = \begin{vmatrix} a_{11} & a_{12} & b_1 \\ a_{21} & a_{22} & b_2 \\ a_{31} & a_{32} & b_3 \end{vmatrix} = a_{11} \cdot (a_{22} \cdot b_3 - b_2 \cdot a_{32}) +$$

$$+ a_{12} \cdot (b_2 \cdot a_{31} - a_{21} \cdot b_3) + b_1 \cdot (a_{21} \cdot a_{32} - a_{22} \cdot a_{31})$$

(46)

Soluțiile sistemului sunt date de relațiile (47).

$$\begin{cases} x_F = \dfrac{\Delta_x}{\Delta} \\[3mm] y_F = \dfrac{\Delta_y}{\Delta} \\[3mm] z_F = \dfrac{\Delta_z}{\Delta} \end{cases} \tag{47}$$

Cu coordonatele cunoscute ale punctelor D, E, F, impuse de poziţia planului DEF şi de alegerea punctului D, se determină lungimile necesare ale picioarelor (elementelor motoare), (a se vedea relaţiile 48).

$$\begin{cases} l_1 = \sqrt{(x_D - x_A)^2 + (y_D - y_A)^2 + (z_D - z_A)^2} \\[2mm] l_2 = \sqrt{(x_D - x_B)^2 + (y_D - y_B)^2 + (z_D - z_B)^2} \\[2mm] l_3 = \sqrt{(x_E - x_B)^2 + (y_E - y_B)^2 + (z_E - z_B)^2} \\[2mm] l_4 = \sqrt{(x_E - x_C)^2 + (y_E - y_C)^2 + (z_E - z_C)^2} \\[2mm] l_5 = \sqrt{(x_F - x_C)^2 + (y_F - y_C)^2 + (z_F - z_C)^2} \\[2mm] l_6 = \sqrt{(x_F - x_A)^2 + (y_F - y_A)^2 + (z_F - z_A)^2} \end{cases} \tag{48}$$

Determinarea vitezelor.

Având geometria şi poziţiile rezolvate, se va trece la determinarea vitezelor din mecanism, mai exact determinarea vitezelor cuplelor cinematice mobile. Se cunosc $\dot{x}_S, \dot{y}_S, \dot{z}_S, \dot{\alpha}, \dot{\beta}, \dot{\gamma}, \dot{z}_D$. Se aleg relaţiile (1), care se derivează în funcţie de timp obţinându-se expresiile (50). Acestea se aranjează în forma (51). Se obţine astfel un sistem liniar de două ecuaţii cu două necunoscute, identificat prin relaţiile (52).

$$\begin{cases} (x_D - x_S) \cdot \alpha + (y_D - y_S) \cdot \beta = (z_S - z_D) \cdot \gamma \\[2mm] (x_D - x_S)^2 + (y_D - y_S)^2 = R^2 - (z_D - z_S)^2 \end{cases} \tag{49}$$

$$\begin{cases} (\dot{x}_D - \dot{x}_S) \cdot \alpha + (x_D - x_S) \cdot \dot{\alpha} + (\dot{y}_D - \dot{y}_S) \cdot \beta + (y_D - y_S) \cdot \dot{\beta} = \\ = (\dot{z}_S - \dot{z}_D) \cdot \gamma + (z_S - z_D) \cdot \dot{\gamma} \\ \\ 2 \cdot (x_D - x_S) \cdot (\dot{x}_D - \dot{x}_S) + 2 \cdot (y_D - y_S) \cdot (\dot{y}_D - \dot{y}_S) = \\ = -2 \cdot (z_D - z_S) \cdot (\dot{z}_D - \dot{z}_S) \end{cases} \tag{50}$$

$$\begin{cases} \alpha \cdot \dot{x}_D + \beta \cdot \dot{y}_D = \alpha \cdot \dot{x}_S - (x_D - x_S) \cdot \dot{\alpha} + \beta \cdot \dot{y}_S - (y_D - y_S) \cdot \dot{\beta} + \\ + (\dot{z}_S - \dot{z}_D) \cdot \gamma + (z_S - z_D) \cdot \dot{\gamma} \\ \\ (x_D - x_S) \cdot \dot{x}_D + (y_D - y_S) \cdot \dot{y}_D = (x_D - x_S) \cdot \dot{x}_S + (y_D - y_S) \cdot \dot{y}_S - \\ - (z_D - z_S) \cdot (\dot{z}_D - \dot{z}_S) \end{cases} \tag{51}$$

$$\begin{cases} a_{11} \cdot \dot{x}_D + a_{12} \cdot \dot{y}_D = b_1 \\ a_{21} \cdot \dot{x}_D + a_{22} \cdot \dot{y}_D = b_2 \\ a_{11} = \alpha; \quad a_{12} = \beta; \quad a_{21} = x_D - x_S; \quad a_{22} = y_D - y_S; \\ \\ b_1 = \alpha \cdot \dot{x}_S - (x_D - x_S) \cdot \dot{\alpha} + \beta \cdot \dot{y}_S - (y_D - y_S) \cdot \dot{\beta} + \\ + (\dot{z}_S - \dot{z}_D) \cdot \gamma + (z_S - z_D) \cdot \dot{\gamma} \\ \\ b_2 = (x_D - x_S) \cdot \dot{x}_S + (y_D - y_S) \cdot \dot{y}_S - (z_D - z_S) \cdot (\dot{z}_D - \dot{z}_S) \end{cases} \tag{52}$$

Determinantul sistemului (51-52) se scrie cu relația (53).

$$\Delta = \begin{vmatrix} a_{11} & a_{12} \\ a_{21} & a_{22} \end{vmatrix} = a_{11} \cdot a_{22} - a_{12} \cdot a_{21} = \alpha \cdot (y_D - y_S) - \beta \cdot (x_D - x_S) \tag{53}$$

Se calculează Δ_{x1} cu relația (54) și $\dot{x}_D$ cu relația (55).

$$\Delta_{x1} = \begin{vmatrix} b_1 & a_{12} \\ b_2 & a_{22} \end{vmatrix} = b_1 \cdot a_{22} - a_{12} \cdot b_2 \tag{54}$$

$$\dot{x}_D = \frac{\Delta_{x1}}{\Delta} \tag{55}$$

Se calculează Δ_{y1} cu relaţia (56) şi $\dot{y}_D$ cu relaţia (57).

$$\Delta_{y1} = \begin{vmatrix} a_{11} & b_1 \\ a_{21} & b_2 \end{vmatrix} = a_{11} \cdot b_2 - b_1 \cdot a_{21} \tag{56}$$

$$\dot{y}_D = \frac{\Delta_{y1}}{\Delta} \tag{57}$$

Se scrie în continuare sistemul (58), care se derivează în raport cu timpul şi capătă forma (59).

$$\begin{cases} (x_E - x_S) \cdot \alpha + (y_E - y_S) \cdot \beta + (z_E - z_S) \cdot \gamma = 0 \\ (x_E - x_S)^2 + (y_E - y_S)^2 + (z_E - z_S)^2 = R^2 \\ (x_E - x_D)^2 + (y_E - y_D)^2 + (z_E - z_D)^2 = 3 \cdot R^2 \end{cases} \tag{58}$$

$$\begin{cases} (\dot{x}_E - \dot{x}_S) \cdot \alpha + (x_E - x_S) \cdot \dot{\alpha} + (\dot{y}_E - \dot{y}_S) \cdot \beta + \\ + (y_E - y_S) \cdot \dot{\beta} + (\dot{z}_E - \dot{z}_S) \cdot \gamma + (z_E - z_S) \cdot \dot{\gamma} = 0 \\[2mm] 2 \cdot (x_E - x_S) \cdot (\dot{x}_E - \dot{x}_S) + 2 \cdot (y_E - y_S) \cdot (\dot{y}_E - \dot{y}_S) + \\ + 2 \cdot (z_E - z_S) \cdot (\dot{z}_E - \dot{z}_S) = 0 \\[2mm] 2 \cdot (x_E - x_D) \cdot (\dot{x}_E - \dot{x}_D) + 2 \cdot (y_E - y_D) \cdot (\dot{y}_E - \dot{y}_D) + \\ + 2 \cdot (z_E - z_D) \cdot (\dot{z}_E - \dot{z}_D) = 0 \end{cases} \tag{59}$$

Pentru rezolvare, sistemul (59) se ordonează sub forma (60), care reprezintă un sistem liniar de trei ecuații de gradul unu cu trei necunoscute, identificat prin formulele din sistemul (61).

$$\begin{cases} \alpha \cdot \dot{x}_E + \beta \cdot \dot{y}_E + \gamma \cdot \dot{z}_E = \alpha \cdot \dot{x}_S - (x_E - x_S) \cdot \dot{\alpha} + \\ + \beta \cdot \dot{y}_S - (y_E - y_S) \cdot \dot{\beta} + \gamma \cdot \dot{z}_S - (z_E - z_S) \cdot \dot{\gamma} \\ \\ (x_E - x_S) \cdot \dot{x}_E + (y_E - y_S) \cdot \dot{y}_E + (z_E - z_S) \cdot \dot{z}_E = \\ = (x_E - x_S) \cdot \dot{x}_S + (y_E - y_S) \cdot \dot{y}_S + (z_E - z_S) \cdot \dot{z}_S \\ \\ (x_E - x_D) \cdot \dot{x}_E + (y_E - y_D) \cdot \dot{y}_E + (z_E - z_D) \cdot \dot{z}_E = \\ = (x_E - x_D) \cdot \dot{x}_D + (y_E - y_D) \cdot \dot{y}_D + (z_E - z_D) \cdot \dot{z}_D \end{cases} \quad (60)$$

$$\begin{cases} c_{11} \cdot \dot{x}_E + c_{12} \cdot \dot{y}_E + c_{13} \cdot \dot{z}_E = c_1 \\ c_{21} \cdot \dot{x}_E + c_{22} \cdot \dot{y}_E + c_{23} \cdot \dot{z}_E = c_2 \\ c_{31} \cdot \dot{x}_E + c_{32} \cdot \dot{y}_E + c_{33} \cdot \dot{z}_E = c_3 \\ \\ c_{11} = \alpha; \quad c_{12} = \beta; \quad c_{13} = \gamma; \\ c_1 = \alpha \cdot \dot{x}_S - (x_E - x_S) \cdot \dot{\alpha} + \beta \cdot \dot{y}_S - (y_E - y_S) \cdot \dot{\beta} + \gamma \cdot \dot{z}_S - (z_E - z_S) \cdot \dot{\gamma} \\ \\ c_{21} = x_E - x_S; \quad c_{22} = y_E - y_S; \quad c_{23} = z_E - z_s; \\ c_2 = (x_E - x_S) \cdot \dot{x}_S + (y_E - y_S) \cdot \dot{y}_S + (z_E - z_S) \cdot \dot{z}_S \\ \\ c_{31} = x_E - x_D; \quad c_{32} = y_E - y_D; \quad c_{33} = z_E - z_D; \\ c_3 = (x_E - x_D) \cdot \dot{x}_D + (y_E - y_D) \cdot \dot{y}_D + (z_E - z_D) \cdot \dot{z}_D \end{cases} \quad (61)$$

Determinantul principal al sistemului (61) se calculează cu relațiile (62).

$$\begin{cases} \Delta^{(c)} = \begin{vmatrix} c_{11} & c_{12} & c_{13} \\ c_{21} & c_{22} & c_{23} \\ c_{31} & c_{32} & c_{33} \end{vmatrix} = c_{11} \cdot (c_{22} \cdot c_{33} - c_{23} \cdot c_{32}) - \\ \quad - c_{12} \cdot (c_{21} \cdot c_{33} - c_{23} \cdot c_{31}) + c_{13} \cdot (c_{21} \cdot c_{32} - c_{22} \cdot c_{31}) \\ \Delta^{(c)} = \alpha \cdot \left[(y_E - y_S) \cdot (z_E - z_D) - (z_E - z_S) \cdot (y_E - y_D) \right] - \\ \quad - \beta \cdot \left[(x_E - x_S) \cdot (z_E - z_D) - (z_E - z_S) \cdot (x_E - x_D) \right] + \\ \quad + \gamma \cdot \left[(x_E - x_S) \cdot (y_E - y_D) - (y_E - y_S) \cdot (x_E - x_D) \right] \end{cases} \quad (62)$$

Determinantul primei viteze scalare se calculează cu relația (63).

$$\begin{cases} \Delta_x^{(c)} = \begin{vmatrix} c_1 & c_{12} & c_{13} \\ c_2 & c_{22} & c_{23} \\ c_3 & c_{32} & c_{33} \end{vmatrix} = c_1 \cdot (c_{22} \cdot c_{33} - c_{23} \cdot c_{32}) - \\ \quad - c_{12} \cdot (c_2 \cdot c_{33} - c_{23} \cdot c_3) + c_{13} \cdot (c_2 \cdot c_{32} - c_{22} \cdot c_3) \end{cases} \quad (63)$$

Prima viteză scalară $\dot{x}_E$ se determină cu expresia (64).

$$\dot{x}_E = \frac{\Delta_x^{(c)}}{\Delta^{(c)}} \quad (64)$$

Determinantul celei de a doua viteze scalare se calculează cu relația (65).

$$\begin{cases} \Delta_y^{(c)} = \begin{vmatrix} c_{11} & c_1 & c_{13} \\ c_{21} & c_2 & c_{23} \\ c_{31} & c_3 & c_{33} \end{vmatrix} = c_{11} \cdot (c_2 \cdot c_{33} - c_{23} \cdot c_3) - \\ \quad - c_1 \cdot (c_{21} \cdot c_{33} - c_{23} \cdot c_{31}) + c_{13} \cdot (c_{21} \cdot c_3 - c_2 \cdot c_{31}) \end{cases} \quad (65)$$

A doua viteză scalară $\dot{y}_E$ se determină cu expresia (66).

$$\dot{y}_E = \frac{\Delta_y^{(c)}}{\Delta^{(c)}} \tag{66}$$

Determinantul celei de a treia viteze scalare se calculează cu relația (67).

$$\begin{cases} \Delta_z^{(c)} = \begin{vmatrix} c_{11} & c_{12} & c_1 \\ c_{21} & c_{22} & c_2 \\ c_{31} & c_{32} & c_3 \end{vmatrix} = c_{11} \cdot (c_{22} \cdot c_3 - c_2 \cdot c_{32}) - \\ -c_{12} \cdot (c_{21} \cdot c_3 - c_2 \cdot c_{31}) + c_1 \cdot (c_{21} \cdot c_{32} - c_{22} \cdot c_{31}) \end{cases} \tag{67}$$

A treia viteză scalară $\dot{z}_E$ se determină cu expresia (68).

$$\dot{z}_E = \frac{\Delta_z^{(c)}}{\Delta^{(c)}} \tag{68}$$

S-au găsit vitezele scalare ale punctelor mobile D și E, mai trebuiesc determinate și cele trei componente scalare reprezentând vitezele scalare ale ultimului punct mobil F.

Se pornește de la sistemul de poziții cunoscut (69), care se derivează în funcție de timp și rezultă sistemul (70).

$$\begin{cases} (x_F - x_S) \cdot \alpha + (y_F - y_S) \cdot \beta + (z_F - z_S) \cdot \gamma = 0 \\ (x_F - x_S)^2 + (y_F - y_S)^2 + (z_F - z_S)^2 = R^2 \\ (x_F - x_D)^2 + (y_F - y_D)^2 + (z_F - z_D)^2 = 3 \cdot R^2 \end{cases} \tag{69}$$

$$\begin{cases} (\dot{x}_F - \dot{x}_S)\cdot\alpha + (x_F - x_S)\cdot\dot{\alpha} + (\dot{y}_F - \dot{y}_S)\cdot\beta + (y_F - y_S)\cdot\dot{\beta} + \\ + (\dot{z}_F - \dot{z}_S)\cdot\gamma + (z_F - z_S)\cdot\dot{\gamma} = 0 \\ \\ 2\cdot(x_F - x_S)\cdot(\dot{x}_F - \dot{x}_S) + 2\cdot(y_F - y_S)\cdot(\dot{y}_F - \dot{y}_S) + 2\cdot(z_F - z_S)\cdot(\dot{z}_F - \dot{z}_S) = 0 \\ \\ 2\cdot(x_F - x_D)\cdot(\dot{x}_F - \dot{x}_D) + 2\cdot(y_F - y_D)\cdot(\dot{y}_F - \dot{y}_D) + 2\cdot(z_F - z_D)\cdot(\dot{z}_F - \dot{z}_D) = 0 \end{cases} \tag{70}$$

Sistemul (70) se aranjează în forma (71) care reprezintă un sistem liniar de trei ecuații de gradul întâi cu trei necunoscute, ale cărui ecuații se identifică prin (72), iar ai cărui parametrii se scriu sub forma (73).

$$\begin{cases} \alpha\cdot\dot{x}_F + \beta\cdot\dot{y}_F + \gamma\cdot\dot{z}_F = \\ = \alpha\cdot\dot{x}_S + \beta\cdot\dot{y}_S + \gamma\cdot\dot{z}_S - (x_F - x_S)\cdot\dot{\alpha} - (y_F - y_S)\cdot\dot{\beta} - (z_F - z_S)\cdot\dot{\gamma} \\ \\ (x_F - x_S)\cdot\dot{x}_F + (y_F - y_S)\cdot\dot{y}_F + (z_F - z_S)\cdot\dot{z}_F = \\ = (x_F - x_S)\cdot\dot{x}_S + (y_F - y_S)\cdot\dot{y}_S + (z_F - z_S)\cdot\dot{z}_S \\ \\ (x_F - x_D)\cdot\dot{x}_F + (y_F - y_D)\cdot\dot{y}_F + (z_F - z_D)\cdot\dot{z}_F = \\ = (x_F - x_D)\cdot\dot{x}_D + (y_F - y_D)\cdot\dot{y}_D + (z_F - z_D)\cdot\dot{z}_D \end{cases} \tag{71}$$

$$\begin{cases} d_{11}\cdot\dot{x}_F + d_{12}\cdot\dot{y}_F + d_{13}\cdot\dot{z}_F = d_1 \\ d_{21}\cdot\dot{x}_F + d_{22}\cdot\dot{y}_F + d_{23}\cdot\dot{z}_F = d_2 \\ d_{31}\cdot\dot{x}_F + d_{32}\cdot\dot{y}_F + d_{33}\cdot\dot{z}_F = d_3 \end{cases} \tag{72}$$

$$\begin{cases} d_{11} = \alpha; \quad d_{12} = \beta; \quad d_{13} = \gamma; \\ d_1 = \alpha\cdot\dot{x}_S + \beta\cdot\dot{y}_S + \gamma\cdot\dot{z}_S - (x_F - x_S)\cdot\dot{\alpha} - (y_F - y_S)\cdot\dot{\beta} - (z_F - z_S)\cdot\dot{\gamma}; \\ d_{21} = x_F - x_S; \quad d_{22} = y_F - y_S; \quad d_{23} = z_F - z_S; \\ d_2 = (x_F - x_S)\cdot\dot{x}_S + (y_F - y_S)\cdot\dot{y}_S + (z_F - z_S)\cdot\dot{z}_S \\ d_{31} = x_F - x_D; \quad d_{32} = y_F - y_D; \quad d_{33} = z_F - z_D; \\ d_3 = (x_F - x_D)\cdot\dot{x}_D + (y_F - y_D)\cdot\dot{y}_D + (z_F - z_D)\cdot\dot{z}_D \end{cases} \tag{73}$$

Cei patru determinanți ai sistemului se scriu cu relațiile (74-77), determinantul principal fiind dat chiar de (74).

$$
\begin{cases}
\Delta^{(d)} = \begin{vmatrix} d_{11} & d_{12} & d_{13} \\ d_{21} & d_{22} & d_{23} \\ d_{31} & d_{32} & d_{33} \end{vmatrix} = d_{11} \cdot (d_{22} \cdot d_{33} - d_{23} \cdot d_{32}) - \\
- d_{12} \cdot (d_{21} \cdot d_{33} - d_{23} \cdot d_{31}) + d_{13} \cdot (d_{21} \cdot d_{32} - d_{22} \cdot d_{31})
\end{cases}
\tag{74}
$$

$$
\begin{cases}
\Delta_x^{(d)} = \begin{vmatrix} d_1 & d_{12} & d_{13} \\ d_2 & d_{22} & d_{23} \\ d_3 & d_{32} & d_{33} \end{vmatrix} = d_1 \cdot (d_{22} \cdot d_{33} - d_{23} \cdot d_{32}) - \\
- d_{12} \cdot (d_2 \cdot d_{33} - d_3 \cdot d_{23}) + d_{13} \cdot (d_2 \cdot d_{32} - d_3 \cdot d_{22})
\end{cases}
\tag{75}
$$

$$
\begin{cases}
\Delta_y^{(d)} = \begin{vmatrix} d_{11} & d_1 & d_{13} \\ d_{21} & d_2 & d_{23} \\ d_{31} & d_3 & d_{33} \end{vmatrix} = d_{11} \cdot (d_2 \cdot d_{33} - d_3 \cdot d_{23}) - \\
- d_1 \cdot (d_{21} \cdot d_{33} - d_{23} \cdot d_{31}) + d_{13} \cdot (d_{21} \cdot d_3 - d_2 \cdot d_{31})
\end{cases}
\tag{76}
$$

$$
\begin{cases}
\Delta_z^{(d)} = \begin{vmatrix} d_{11} & d_{12} & d_1 \\ d_{21} & d_{22} & d_2 \\ d_{31} & d_{32} & d_3 \end{vmatrix} = d_{11} \cdot (d_{22} \cdot d_3 - d_2 \cdot d_{32}) - \\
- d_{12} \cdot (d_{21} \cdot d_3 - d_2 \cdot d_{31}) + d_1 \cdot (d_{21} \cdot d_{32} - d_{22} \cdot d_{31})
\end{cases}
\tag{77}
$$

Soluţiile sistemului de viteze scalare se obţin cu ajutorul relaţiilor (78).

$$\begin{cases} \dot{x}_F = \dfrac{\Delta_x^{(d)}}{\Delta^{(d)}}; & \dot{y}_F = \dfrac{\Delta_y^{(d)}}{\Delta^{(d)}}; & \dot{z}_F = \dfrac{\Delta_z^{(d)}}{\Delta^{(d)}}; \end{cases} \quad (78)$$

Vitezele planului mobil (superior) fiind determinate, putem trece la etapa finală în care se vor determina vitezele liniare ale celor şase cuple motoare de translaţie. Se scriu mai întâi relaţiile de poziţii (79).

$$\begin{cases} l_1^2 = (x_D - x_A)^2 + (y_D - y_A)^2 + (z_D - z_A)^2 \\ l_2^2 = (x_D - x_B)^2 + (y_D - y_B)^2 + (z_D - z_B)^2 \\ l_3^2 = (x_E - x_B)^2 + (y_E - y_B)^2 + (z_E - z_B)^2 \\ l_4^2 = (x_E - x_C)^2 + (y_E - y_C)^2 + (z_E - z_C)^2 \\ l_5^2 = (x_F - x_C)^2 + (y_F - y_C)^2 + (z_F - z_C)^2 \\ l_6^2 = (x_F - x_A)^2 + (y_F - y_A)^2 + (z_F - z_A)^2 \end{cases} \quad (79)$$

Relaţiile sistemului (79) se derivează în raport cu timpul şi se obţin expresiile sistemului (80), din care se explicitează vitezele liniare ale elementelor motoare (81).

$$\begin{cases} 2 \cdot l_1 \cdot \dot{l}_1 = 2 \cdot (x_D - x_A) \cdot \dot{x}_D + 2 \cdot (y_D - y_A) \cdot \dot{y}_D + 2 \cdot (z_D - z_A) \cdot \dot{z}_D \\ 2 \cdot l_2 \cdot \dot{l}_2 = 2 \cdot (x_D - x_B) \cdot \dot{x}_D + 2 \cdot (y_D - y_B) \cdot \dot{y}_D + 2 \cdot (z_D - z_B) \cdot \dot{z}_D \\ 2 \cdot l_3 \cdot \dot{l}_3 = 2 \cdot (x_E - x_B) \cdot \dot{x}_E + 2 \cdot (y_E - y_B) \cdot \dot{y}_E + 2 \cdot (z_E - z_B) \cdot \dot{z}_E \\ 2 \cdot l_4 \cdot \dot{l}_4 = 2 \cdot (x_E - x_C) \cdot \dot{x}_E + 2 \cdot (y_E - y_C) \cdot \dot{y}_E + 2 \cdot (z_E - z_C) \cdot \dot{z}_E \\ 2 \cdot l_5 \cdot \dot{l}_5 = 2 \cdot (x_F - x_C) \cdot \dot{x}_F + 2 \cdot (y_F - y_C) \cdot \dot{y}_F + 2 \cdot (z_F - z_C) \cdot \dot{z}_F \\ 2 \cdot l_6 \cdot \dot{l}_6 = 2 \cdot (x_F - x_A) \cdot \dot{x}_F + 2 \cdot (y_F - y_A) \cdot \dot{y}_F + 2 \cdot (z_F - z_A) \cdot \dot{z}_F \end{cases} \quad (80)$$

$$\begin{cases} \dot{l}_1 = \dfrac{(x_D - x_A) \cdot \dot{x}_D + (y_D - y_A) \cdot \dot{y}_D + (z_D - z_A) \cdot \dot{z}_D}{l_1} \\[2ex] \dot{l}_2 = \dfrac{(x_D - x_B) \cdot \dot{x}_D + (y_D - y_B) \cdot \dot{y}_D + (z_D - z_B) \cdot \dot{z}_D}{l_2} \\[2ex] \dot{l}_3 = \dfrac{(x_E - x_B) \cdot \dot{x}_E + (y_E - y_B) \cdot \dot{y}_E + (z_E - z_B) \cdot \dot{z}_E}{l_3} \\[2ex] \dot{l}_4 = \dfrac{(x_E - x_C) \cdot \dot{x}_E + (y_E - y_C) \cdot \dot{y}_E + (z_E - z_C) \cdot \dot{z}_E}{l_4} \\[2ex] \dot{l}_5 = \dfrac{(x_F - x_C) \cdot \dot{x}_F + (y_F - y_C) \cdot \dot{y}_F + (z_F - z_C) \cdot \dot{z}_F}{l_5} \\[2ex] \dot{l}_6 = \dfrac{(x_F - x_A) \cdot \dot{x}_F + (y_F - y_A) \cdot \dot{y}_F + (z_F - z_A) \cdot \dot{z}_F}{l_6} \end{cases} \tag{81}$$

Determinarea acceleraţiilor.

Având geometria, poziţiile şi vitezele rezolvate, se va trece la determinarea acceleraţiilor din mecanism, mai exact determinarea acceleraţiilor cuplelor cinematice mobile.

Se cunosc $\ddot{x}_S, \ddot{y}_S, \ddot{z}_S, \ddot{\alpha}, \ddot{\beta}, \ddot{\gamma}, \ddot{z}_D$. Se pleacă de la relaţiile vitezelor (82), aranjate sub forma (83). Expresiile (83) se derivează în funcţie de timp şi se obţine sistemul de acceleraţii (84), care se aranjează sub forma (85).

$$\begin{cases} (\dot{x}_D - \dot{x}_S) \cdot \alpha + (x_D - x_S) \cdot \dot{\alpha} + (\dot{y}_D - \dot{y}_S) \cdot \beta + (y_D - y_S) \cdot \dot{\beta} = \\ = (\dot{z}_S - \dot{z}_D) \cdot \gamma + (z_S - z_D) \cdot \dot{\gamma} \\[2ex] (x_D - x_S) \cdot (\dot{x}_D - \dot{x}_S) + (y_D - y_S) \cdot (\dot{y}_D - \dot{y}_S) = -(z_D - z_S) \cdot (\dot{z}_D - \dot{z}_S) \end{cases} \tag{82}$$

$$\begin{cases} \alpha \cdot \dot{x}_D + \beta \cdot \dot{y}_D = \alpha \cdot \dot{x}_S - (x_D - x_S) \cdot \dot{\alpha} + \beta \cdot \dot{y}_S - (y_D - y_S) \cdot \dot{\beta} + \\ + (\dot{z}_S - \dot{z}_D) \cdot \gamma + (z_S - z_D) \cdot \dot{\gamma} \\ \\ \\ (x_D - x_S) \cdot \dot{x}_D + (y_D - y_S) \cdot \dot{y}_D = (x_D - x_S) \cdot \dot{x}_S + (y_D - y_S) \cdot \dot{y}_S - \\ - (z_D - z_S) \cdot (\dot{z}_D - \dot{z}_S) \end{cases} \tag{83}$$

$$\begin{cases} \dot{\alpha} \cdot \dot{x}_D + \alpha \cdot \ddot{x}_D + \dot{\beta} \cdot \dot{y}_D + \beta \cdot \ddot{y}_D = \dot{\alpha} \cdot \dot{x}_S + \alpha \cdot \ddot{x}_S - (\dot{x}_D - \dot{x}_S) \cdot \dot{\alpha} - (x_D - x_S) \cdot \ddot{\alpha} + \\ + \dot{\beta} \cdot \dot{y}_S + \beta \cdot \ddot{y}_S - (\dot{y}_D - \dot{y}_S) \cdot \dot{\beta} - (y_D - y_S) \cdot \ddot{\beta} + (\ddot{z}_S - \ddot{z}_D) \cdot \gamma + \\ + (\dot{z}_S - \dot{z}_D) \cdot \dot{\gamma} + (\dot{z}_S - \dot{z}_D) \cdot \dot{\gamma} + (z_S - z_D) \cdot \ddot{\gamma} \\ \\ (\dot{x}_D - \dot{x}_S) \cdot \dot{x}_D + (x_D - x_S) \cdot \ddot{x}_D + (\dot{y}_D - \dot{y}_S) \cdot \dot{y}_D + (y_D - y_S) \cdot \ddot{y}_D = \\ = (\dot{x}_D - \dot{x}_S) \cdot \dot{x}_S + (x_D - x_S) \cdot \ddot{x}_S + (\dot{y}_D - \dot{y}_S) \cdot \dot{y}_S + (y_D - y_S) \cdot \ddot{y}_S - \\ - (\dot{z}_D - \dot{z}_S)^2 - (z_D - z_S) \cdot (\ddot{z}_D - \ddot{z}_S) \end{cases} \tag{84}$$

$$\begin{cases} \alpha \cdot \ddot{x}_D + \beta \cdot \ddot{y}_D = 2 \cdot \dot{\alpha} \cdot (\dot{x}_S - \dot{x}_D) + 2 \cdot \dot{\beta} \cdot (\dot{y}_S - \dot{y}_D) + \alpha \cdot \ddot{x}_S + \beta \cdot \ddot{y}_S + \\ + (x_S - x_D) \cdot \ddot{\alpha} + (y_S - y_D) \cdot \ddot{\beta} + (\ddot{z}_S - \ddot{z}_D) \cdot \gamma + 2 \cdot (\dot{z}_S - \dot{z}_D) \cdot \dot{\gamma} + (z_S - z_D) \cdot \ddot{\gamma} \\ \\ (x_D - x_S) \cdot \ddot{x}_D + (y_D - y_S) \cdot \ddot{y}_D = -(\dot{x}_D - \dot{x}_S)^2 - (\dot{y}_D - \dot{y}_S)^2 - (\dot{z}_D - \dot{z}_S)^2 + \\ + (x_D - x_S) \cdot \ddot{x}_S + (y_D - y_S) \cdot \ddot{y}_S - (z_D - z_S) \cdot (\ddot{z}_D - \ddot{z}_S) \end{cases} \tag{85}$$

Identificăm sistemul liniar de două ecuații cu două necunoscute (86), având coeficienții (87) și soluțiile (88).

$$\begin{cases} a_{11} \cdot \ddot{x}_D + a_{12} \cdot \ddot{y}_D = f_1 \\ a_{21} \cdot \ddot{x}_D + a_{22} \cdot \ddot{y}_D = f_2 \end{cases} \tag{86}$$

$$
\begin{cases}
a_{11} = \alpha; \quad a_{12} = \beta; \quad a_{21} = x_D - x_S; \quad a_{22} = y_D - y_S; \\[2mm]
\begin{aligned}
f_1 &= 2 \cdot \left[\dot{\alpha} \cdot (\dot{x}_S - \dot{x}_D) + \dot{\beta} \cdot (\dot{y}_S - \dot{y}_D) + \dot{\gamma} \cdot (\dot{z}_S - \dot{z}_D) \right] + \alpha \cdot \ddot{x}_S + \beta \cdot \ddot{y}_S + \\
&\quad + \gamma \cdot (\ddot{z}_S - \ddot{z}_D) + (x_S - x_D) \cdot \ddot{\alpha} + (y_S - y_D) \cdot \ddot{\beta} + (z_S - z_D) \cdot \ddot{\gamma}
\end{aligned} \\[2mm]
\begin{aligned}
f_2 &= -(\dot{x}_D - \dot{x}_S)^2 - (\dot{y}_D - \dot{y}_S)^2 - (\dot{z}_D - \dot{z}_S)^2 + \\
&\quad + (x_D - x_S) \cdot \ddot{x}_S + (y_D - y_S) \cdot \ddot{y}_S - (z_D - z_S) \cdot (\ddot{z}_D - \ddot{z}_S)
\end{aligned}
\end{cases}
\tag{87}
$$

$$
\begin{cases}
\Delta_f = \begin{vmatrix} a_{11} & a_{12} \\ a_{21} & a_{22} \end{vmatrix} = a_{11} \cdot a_{22} - a_{12} \cdot a_{21} \\[6mm]
\Delta_{xD2} = \begin{vmatrix} f_1 & a_{12} \\ f_2 & a_{22} \end{vmatrix} = f_1 \cdot a_{22} - f_2 \cdot a_{12} \\[6mm]
\Delta_{yD2} = \begin{vmatrix} a_{11} & f_1 \\ a_{21} & f_2 \end{vmatrix} = f_2 \cdot a_{11} - f_1 \cdot a_{21} \\[6mm]
\ddot{x}_D = \dfrac{\Delta_{xD2}}{\Delta_f}; \quad \ddot{y}_D = \dfrac{\Delta_{yD2}}{\Delta_f}
\end{cases}
\tag{88}
$$

În continuare se trece la punctul următor, fapt pentru care utilizăm sistemul de viteze (89). Sistemul (89) se derivează și se obțin relațiile accelerațiilor (90), care se aranjează în forma (91). Se identifică coeficienții (92) și sistemul liniar (93) format din trei ecuații de gradul I fiecare, cu trei necunoscute, sistem ce se rezolvă cu relațiile (94).

$$\begin{cases} c_{11} \cdot \dot{x}_E + c_{12} \cdot \dot{y}_E + c_{13} \cdot \dot{z}_E = c_1 \\[2ex] c_{21} \cdot \dot{x}_E + c_{22} \cdot \dot{y}_E + c_{23} \cdot \dot{z}_E = c_2 \\[2ex] c_{31} \cdot \dot{x}_E + c_{32} \cdot \dot{y}_E + c_{33} \cdot \dot{z}_E = c_3 \end{cases} \tag{89}$$

$$\begin{cases} \dot{c}_{11} \cdot \dot{x}_E + \dot{c}_{12} \cdot \dot{y}_E + \dot{c}_{13} \cdot \dot{z}_E + c_{11} \cdot \ddot{x}_E + \\ + c_{12} \cdot \ddot{y}_E + c_{13} \cdot \ddot{z}_E = \dot{c}_1 \\[2ex] \dot{c}_{21} \cdot \dot{x}_E + \dot{c}_{22} \cdot \dot{y}_E + \dot{c}_{23} \cdot \dot{z}_E + c_{21} \cdot \ddot{x}_E + \\ + c_{22} \cdot \ddot{y}_E + c_{23} \cdot \ddot{z}_E = \dot{c}_2 \\[2ex] \dot{c}_{31} \cdot \dot{x}_E + \dot{c}_{32} \cdot \dot{y}_E + \dot{c}_{33} \cdot \dot{z}_E + c_{31} \cdot \ddot{x}_E + \\ + c_{32} \cdot \ddot{y}_E + c_{33} \cdot \ddot{z}_E = \dot{c}_3 \end{cases} \tag{90}$$

$$\begin{cases} c_{11} \cdot \ddot{x}_E + c_{12} \cdot \ddot{y}_E + c_{13} \cdot \ddot{z}_E = \\ = \dot{c}_1 - \dot{c}_{11} \cdot \dot{x}_E - \dot{c}_{12} \cdot \dot{y}_E - \dot{c}_{13} \cdot \dot{z}_E \\[2ex] c_{21} \cdot \ddot{x}_E + c_{22} \cdot \ddot{y}_E + c_{23} \cdot \ddot{z}_E = \\ = \dot{c}_2 - \dot{c}_{21} \cdot \dot{x}_E - \dot{c}_{22} \cdot \dot{y}_E - \dot{c}_{23} \cdot \dot{z}_E \\[2ex] c_{31} \cdot \ddot{x}_E + c_{32} \cdot \ddot{y}_E + c_{33} \cdot \ddot{z}_E = \\ = \dot{c}_3 - \dot{c}_{31} \cdot \dot{x}_E - \dot{c}_{32} \cdot \dot{y}_E - \dot{c}_{33} \cdot \dot{z}_E \end{cases} \tag{91}$$

$$\left\{ \begin{aligned}
&c_{11} = \alpha; \quad \dot{c}_{11} = \dot{\alpha}; \quad c_{12} = \beta; \quad \dot{c}_{12} = \dot{\beta}; \quad c_{13} = \gamma; \quad \dot{c}_{13} = \dot{\gamma}; \\[4pt]
&c_{21} = x_E - x_S; \quad \dot{c}_{21} = \dot{x}_E - \dot{x}_S; \quad c_{22} = y_E - y_S; \quad \dot{c}_{22} = \dot{y}_E - \dot{y}_S; \\[4pt]
&c_{23} = z_E - z_S; \quad \dot{c}_{23} = \dot{z}_E - \dot{z}_S; \quad c_{31} = x_E - x_D; \quad \dot{c}_{31} = \dot{x}_E - \dot{x}_D; \\[4pt]
&c_{32} = y_E - y_D; \quad \dot{c}_{32} = \dot{y}_E - \dot{y}_D; \quad c_{33} = z_E - z_D; \quad \dot{c}_{33} = \dot{z}_E - \dot{z}_D; \\[8pt]
&c_1 = \alpha \cdot \dot{x}_S - (x_E - x_S) \cdot \dot{\alpha} + \beta \cdot \dot{y}_S - (y_E - y_S) \cdot \dot{\beta} + \gamma \cdot \dot{z}_S - (z_E - z_S) \cdot \dot{\gamma} \\[8pt]
&\dot{c}_1 = \dot{\alpha} \cdot \dot{x}_S + \alpha \cdot \ddot{x}_S - (\dot{x}_E - \dot{x}_S) \cdot \dot{\alpha} - (x_E - x_S) \cdot \ddot{\alpha} + \dot{\beta} \cdot \dot{y}_S + \beta \cdot \ddot{y}_S - \\
&\quad - (\dot{y}_E - \dot{y}_S) \cdot \dot{\beta} - (y_E - y_S) \cdot \ddot{\beta} + \dot{\gamma} \cdot \dot{z}_S + \gamma \cdot \ddot{z}_S - (\dot{z}_E - \dot{z}_S) \cdot \dot{\gamma} - (z_E - z_S) \cdot \ddot{\gamma} \\[8pt]
&c_2 = (x_E - x_S) \cdot \dot{x}_S + (y_E - y_S) \cdot \dot{y}_S + (z_E - z_S) \cdot \dot{z}_S \\[8pt]
&\dot{c}_2 = (\dot{x}_E - \dot{x}_S) \cdot \dot{x}_S + (x_E - x_S) \cdot \ddot{x}_S + (\dot{y}_E - \dot{y}_S) \cdot \dot{y}_S + (y_E - y_S) \cdot \ddot{y}_S + \\
&\quad + (\dot{z}_E - \dot{z}_S) \cdot \dot{z}_S + (z_E - z_S) \cdot \ddot{z}_S \\[8pt]
&c_3 = (x_E - x_D) \cdot \dot{x}_D + (y_E - y_D) \cdot \dot{y}_D + (z_E - z_D) \cdot \dot{z}_D \\[8pt]
&\dot{c}_3 = (\dot{x}_E - \dot{x}_D) \cdot \dot{x}_D + (x_E - x_D) \cdot \ddot{x}_D + (\dot{y}_E - \dot{y}_D) \cdot \dot{y}_D + (y_E - y_D) \cdot \ddot{y}_D + \\
&\quad + (\dot{z}_E - \dot{z}_D) \cdot \dot{z}_D + (z_E - z_D) \cdot \ddot{z}_D \\[8pt]
&e_1 = \dot{c}_1 - \dot{c}_{11} \cdot \dot{x}_E - \dot{c}_{12} \cdot \dot{y}_E - \dot{c}_{13} \cdot \dot{z}_E \\
&e_2 = \dot{c}_2 - \dot{c}_{21} \cdot \dot{x}_E - \dot{c}_{22} \cdot \dot{y}_E - \dot{c}_{23} \cdot \dot{z}_E \\
&e_3 = \dot{c}_3 - \dot{c}_{31} \cdot \dot{x}_E - \dot{c}_{32} \cdot \dot{y}_E - \dot{c}_{33} \cdot \dot{z}_E
\end{aligned} \right. \tag{92}$$

$$\left\{ \begin{aligned}
&c_{11} \cdot \ddot{x}_E + c_{12} \cdot \ddot{y}_E + c_{13} \cdot \ddot{z}_E = e_1 \\
&c_{21} \cdot \ddot{x}_E + c_{22} \cdot \ddot{y}_E + c_{23} \cdot \ddot{z}_E = e_2 \\
&c_{31} \cdot \ddot{x}_E + c_{32} \cdot \ddot{y}_E + c_{33} \cdot \ddot{z}_E = e_3
\end{aligned} \right. \tag{93}$$

$$
\Delta^{(c)} = \begin{vmatrix} c_{11} & c_{12} & c_{13} \\ c_{21} & c_{22} & c_{23} \\ c_{31} & c_{32} & c_{33} \end{vmatrix} = c_{11} \cdot (c_{22} \cdot c_{33} - c_{23} \cdot c_{32}) -
$$

$$
- c_{12} \cdot (c_{21} \cdot c_{33} - c_{23} \cdot c_{31}) + c_{13} \cdot (c_{21} \cdot c_{32} - c_{22} \cdot c_{31})
$$

$$
\Delta_{xE2} = \begin{vmatrix} e_1 & c_{12} & c_{13} \\ e_2 & c_{22} & c_{23} \\ e_3 & c_{32} & c_{33} \end{vmatrix} = e_1 \cdot (c_{22} \cdot c_{33} - c_{23} \cdot c_{32}) -
$$

$$
- c_{12} \cdot (e_2 \cdot c_{33} - c_{23} \cdot e_3) + c_{13} \cdot (e_2 \cdot c_{32} - c_{22} \cdot e_3)
$$

$$
\Delta_{yE2} = \begin{vmatrix} c_{11} & e_1 & c_{13} \\ c_{21} & e_2 & c_{23} \\ c_{31} & e_3 & c_{33} \end{vmatrix} = c_{11} \cdot (e_2 \cdot c_{33} - c_{23} \cdot e_3) -
$$

$$
- e_1 \cdot (c_{21} \cdot c_{33} - c_{23} \cdot c_{31}) + c_{13} \cdot (c_{21} \cdot e_3 - e_2 \cdot c_{31})
$$

$$
\Delta_{zE2} = \begin{vmatrix} c_{11} & c_{12} & e_1 \\ c_{21} & c_{22} & e_2 \\ c_{31} & c_{32} & e_3 \end{vmatrix} = c_{11} \cdot (c_{22} \cdot e_3 - e_2 \cdot c_{32}) -
$$

$$
- c_{12} \cdot (c_{21} \cdot e_3 - e_2 \cdot c_{31}) + e_1 \cdot (c_{21} \cdot c_{32} - c_{22} \cdot c_{31})
$$

$$
\ddot{x}_E = \frac{\Delta_{xE2}}{\Delta^{(c)}}; \quad \ddot{y}_E = \frac{\Delta_{yE2}}{\Delta^{(c)}}; \quad \ddot{z}_E = \frac{\Delta_{zE2}}{\Delta^{(c)}}; \tag{94}
$$

În continuare se scrie sistemul de viteze (95) care se derivează și se obține sistemul accelerațiilor (96), care se aranjează în forma (97).

Coeficienții se determină cu relațiile (98) iar sistemul ia forma (99).

$$\begin{cases} d_{11} \cdot \dot{x}_F + d_{12} \cdot \dot{y}_F + d_{13} \cdot \dot{z}_F = d_1 \\[2ex] d_{21} \cdot \dot{x}_F + d_{22} \cdot \dot{y}_F + d_{23} \cdot \dot{z}_F = d_2 \\[2ex] d_{31} \cdot \dot{x}_F + d_{32} \cdot \dot{y}_F + d_{33} \cdot \dot{z}_F = d_3 \end{cases} \tag{95}$$

$$\begin{cases} \dot{d}_{11} \cdot \dot{x}_F + \dot{d}_{12} \cdot \dot{y}_F + \dot{d}_{13} \cdot \dot{z}_F + d_{11} \cdot \ddot{x}_F + \\ + d_{12} \cdot \ddot{y}_F + d_{13} \cdot \ddot{z}_F = \dot{d}_1 \\[2ex] \dot{d}_{21} \cdot \dot{x}_F + \dot{d}_{22} \cdot \dot{y}_F + \dot{d}_{23} \cdot \dot{z}_F + d_{21} \cdot \ddot{x}_F + \\ + d_{22} \cdot \ddot{y}_F + d_{23} \cdot \ddot{z}_F = \dot{d}_2 \\[2ex] \dot{d}_{31} \cdot \dot{x}_F + \dot{d}_{32} \cdot \dot{y}_F + \dot{d}_{33} \cdot \dot{z}_F + d_{31} \cdot \ddot{x}_F + \\ + d_{32} \cdot \ddot{y}_F + d_{33} \cdot \ddot{z}_F = \dot{d}_3 \end{cases} \tag{96}$$

$$\begin{cases} d_{11} \cdot \ddot{x}_F + d_{12} \cdot \ddot{y}_F + d_{13} \cdot \ddot{z}_F = \\ = \dot{d}_1 - \dot{d}_{11} \cdot \dot{x}_F - \dot{d}_{12} \cdot \dot{y}_F - \dot{d}_{13} \cdot \dot{z}_F \\[2ex] d_{21} \cdot \ddot{x}_F + d_{22} \cdot \ddot{y}_F + d_{23} \cdot \ddot{z}_F = \\ = \dot{d}_2 - \dot{d}_{21} \cdot \dot{x}_F - \dot{d}_{22} \cdot \dot{y}_F - \dot{d}_{23} \cdot \dot{z}_F \\[2ex] d_{31} \cdot \ddot{x}_F + d_{32} \cdot \ddot{y}_F + d_{33} \cdot \ddot{z}_F = \\ = \dot{d}_3 - \dot{d}_{31} \cdot \dot{x}_F - \dot{d}_{32} \cdot \dot{y}_F - \dot{d}_{33} \cdot \dot{z}_F \end{cases} \tag{97}$$

$$
\begin{cases}
d_{11} = \alpha; \quad \dot{d}_{11} = \dot{\alpha}; \quad d_{12} = \beta; \quad \dot{d}_{12} = \dot{\beta}; \quad d_{13} = \gamma; \quad \dot{d}_{13} = \dot{\gamma}; \\[4pt]
d_1 = \alpha \cdot \dot{x}_S + \beta \cdot \dot{y}_S + \gamma \cdot \dot{z}_S - (x_F - x_S) \cdot \dot{\alpha} - (y_F - y_S) \cdot \dot{\beta} - (z_F - z_S) \cdot \dot{\gamma}; \\[4pt]
\dot{d}_1 = \dot{\alpha} \cdot \dot{x}_S + \alpha \cdot \ddot{x}_S + \dot{\beta} \cdot \dot{y}_S + \beta \cdot \ddot{y}_S + \dot{\gamma} \cdot \dot{z}_S + \gamma \cdot \ddot{z}_S - (\dot{x}_F - \dot{x}_S) \cdot \dot{\alpha} - \\
\quad - (x_F - x_S) \cdot \ddot{\alpha} - (\dot{y}_F - \dot{y}_S) \cdot \dot{\beta} - (y_F - y_S) \cdot \ddot{\beta} - (\dot{z}_F - \dot{z}_S) \cdot \dot{\gamma} - (z_F - z_S) \cdot \ddot{\gamma}; \\[4pt]
d_{21} = x_F - x_S; \quad d_{22} = y_F - y_S; \quad d_{23} = z_F - z_S; \\[4pt]
\dot{d}_{21} = \dot{x}_F - \dot{x}_S; \quad \dot{d}_{22} = \dot{y}_F - \dot{y}_S; \quad \dot{d}_{23} = \dot{z}_F - \dot{z}_S; \\[4pt]
d_2 = (x_F - x_S) \cdot \dot{x}_S + (y_F - y_S) \cdot \dot{y}_S + (z_F - z_S) \cdot \dot{z}_S; \\[4pt]
\dot{d}_2 = (\dot{x}_F - \dot{x}_S) \cdot \dot{x}_S + (x_F - x_S) \cdot \ddot{x}_S + (\dot{y}_F - \dot{y}_S) \cdot \dot{y}_S + \\
\quad + (y_F - y_S) \cdot \ddot{y}_S + (\dot{z}_F - \dot{z}_S) \cdot \dot{z}_S + (z_F - z_S) \cdot \ddot{z}_S; \\[4pt]
d_{31} = x_F - x_D; \quad d_{32} = y_F - y_D; \quad d_{33} = z_F - z_D; \\[4pt]
\dot{d}_{31} = \dot{x}_F - \dot{x}_D; \quad \dot{d}_{32} = \dot{y}_F - \dot{y}_D; \quad \dot{d}_{33} = \dot{z}_F - \dot{z}_D; \\[4pt]
d_3 = (x_F - x_D) \cdot \dot{x}_D + (y_F - y_D) \cdot \dot{y}_D + (z_F - z_D) \cdot \dot{z}_D; \\[4pt]
\dot{d}_3 = (\dot{x}_F - \dot{x}_D) \cdot \dot{x}_D + (x_F - x_D) \cdot \ddot{x}_D + (\dot{y}_F - \dot{y}_D) \cdot \dot{y}_D + \\
\quad + (y_F - y_D) \cdot \ddot{y}_D + (\dot{z}_F - \dot{z}_D) \cdot \dot{z}_D + (z_F - z_D) \cdot \ddot{z}_D; \\[4pt]
g_1 = \dot{d}_1 - \dot{d}_{11} \cdot \dot{x}_F - \dot{d}_{12} \cdot \dot{y}_F - \dot{d}_{13} \cdot \dot{z}_F; \\[4pt]
g_2 = \dot{d}_2 - \dot{d}_{21} \cdot \dot{x}_F - \dot{d}_{22} \cdot \dot{y}_F - \dot{d}_{23} \cdot \dot{z}_F; \\[4pt]
g_3 = \dot{d}_3 - \dot{d}_{31} \cdot \dot{x}_F - \dot{d}_{32} \cdot \dot{y}_F - \dot{d}_{33} \cdot \dot{z}_F
\end{cases}
\tag{98}
$$

Sistemul (99) având coeficienții (98), se rezolvă cu relațiile (100).

$$
\begin{cases}
d_{11} \cdot \ddot{x}_F + d_{12} \cdot \ddot{y}_F + d_{13} \cdot \ddot{z}_F = g_1 \\[12pt]
d_{21} \cdot \ddot{x}_F + d_{22} \cdot \ddot{y}_F + d_{23} \cdot \ddot{z}_F = g_2 \\[12pt]
d_{31} \cdot \ddot{x}_F + d_{32} \cdot \ddot{y}_F + d_{33} \cdot \ddot{z}_F = g_3
\end{cases}
\tag{99}
$$

$$\left\{
\begin{aligned}
\Delta^{(g)} &= \begin{vmatrix} d_{11} & d_{12} & d_{13} \\ d_{21} & d_{22} & d_{23} \\ d_{31} & d_{32} & d_{33} \end{vmatrix} = d_{11}\cdot(d_{22}\cdot d_{33} - d_{23}\cdot d_{32}) - \\
&\quad - d_{12}\cdot(d_{21}\cdot d_{33} - d_{23}\cdot d_{31}) + d_{13}\cdot(d_{21}\cdot d_{32} - d_{22}\cdot d_{31}) \\[2mm]
\Delta_{xF2} &= \begin{vmatrix} g_1 & d_{12} & d_{13} \\ g_2 & d_{22} & d_{23} \\ g_3 & d_{32} & d_{33} \end{vmatrix} = g_1\cdot(d_{22}\cdot d_{33} - d_{23}\cdot d_{32}) - \\
&\quad - d_{12}\cdot(g_2\cdot d_{33} - d_{23}\cdot g_3) + d_{13}\cdot(g_2\cdot d_{32} - d_{22}\cdot g_3) \\[2mm]
\Delta_{yF2} &= \begin{vmatrix} d_{11} & g_1 & d_{13} \\ d_{21} & g_2 & d_{23} \\ d_{31} & g_3 & d_{33} \end{vmatrix} = d_{11}\cdot(g_2\cdot d_{33} - d_{23}\cdot g_3) - \\
&\quad - g_1\cdot(d_{21}\cdot d_{33} - d_{23}\cdot d_{31}) + d_{13}\cdot(d_{21}\cdot g_3 - g_2\cdot d_{31}) \\[2mm]
\Delta_{zF2} &= \begin{vmatrix} d_{11} & d_{12} & g_1 \\ d_{21} & d_{22} & g_2 \\ d_{31} & d_{32} & g_3 \end{vmatrix} = d_{11}\cdot(d_{22}\cdot g_3 - g_2\cdot d_{32}) - \\
&\quad - d_{12}\cdot(d_{21}\cdot g_3 - g_2\cdot d_{31}) + g_1\cdot(d_{21}\cdot d_{32} - d_{22}\cdot d_{31}) \\[3mm]
\ddot{x}_F &= \frac{\Delta_{xF2}}{\Delta^{(g)}}; \quad \ddot{y}_F = \frac{\Delta_{yF2}}{\Delta^{(g)}}; \quad \ddot{z}_F = \frac{\Delta_{zF2}}{\Delta^{(g)}};
\end{aligned}
\right. \qquad (100)$$

Se scrie acum sistemul de viteze liniare (102) obținut prin derivarea sistemului de poziții (101). Sistemul (102) derivat la rândul său generează sistemul de accelerații liniare (103).

$$\begin{cases} l_1^2 = (x_D - x_A)^2 + (y_D - y_A)^2 + (z_D - z_A)^2 \\[2mm] l_2^2 = (x_D - x_B)^2 + (y_D - y_B)^2 + (z_D - z_B)^2 \\[2mm] l_3^2 = (x_E - x_B)^2 + (y_E - y_B)^2 + (z_E - z_B)^2 \\[2mm] l_4^2 = (x_E - x_C)^2 + (y_E - y_C)^2 + (z_E - z_C)^2 \\[2mm] l_5^2 = (x_F - x_C)^2 + (y_F - y_C)^2 + (z_F - z_C)^2 \\[2mm] l_6^2 = (x_F - x_A)^2 + (y_F - y_A)^2 + (z_F - z_A)^2 \end{cases} \qquad (101)$$

$$\begin{cases} l_1 \cdot \dot{l}_1 = (x_D - x_A)\cdot \dot{x}_D + (y_D - y_A)\cdot \dot{y}_D + (z_D - z_A)\cdot \dot{z}_D \\[2mm] l_2 \cdot \dot{l}_2 = (x_D - x_B)\cdot \dot{x}_D + (y_D - y_B)\cdot \dot{y}_D + (z_D - z_B)\cdot \dot{z}_D \\[2mm] l_3 \cdot \dot{l}_3 = (x_E - x_B)\cdot \dot{x}_E + (y_E - y_B)\cdot \dot{y}_E + (z_E - z_B)\cdot \dot{z}_E \\[2mm] l_4 \cdot \dot{l}_4 = (x_E - x_C)\cdot \dot{x}_E + (y_E - y_C)\cdot \dot{y}_E + (z_E - z_C)\cdot \dot{z}_E \\[2mm] l_5 \cdot \dot{l}_5 = (x_F - x_C)\cdot \dot{x}_F + (y_F - y_C)\cdot \dot{y}_F + (z_F - z_C)\cdot \dot{z}_F \\[2mm] l_6 \cdot \dot{l}_6 = (x_F - x_A)\cdot \dot{x}_F + (y_F - y_A)\cdot \dot{y}_F + (z_F - z_A)\cdot \dot{z}_F \end{cases} \qquad (102)$$

$$\begin{cases} \dot{l}_1^2 + l_1 \cdot \ddot{l}_1 = (\dot{x}_D - \dot{x}_A) \cdot \dot{x}_D + (x_D - x_A) \cdot \ddot{x}_D + (\dot{y}_D - \dot{y}_A) \cdot \dot{y}_D + \\ \quad + (y_D - y_A) \cdot \ddot{y}_D + (\dot{z}_D - \dot{z}_A) \cdot \dot{z}_D + (z_D - z_A) \cdot \ddot{z}_D \\[2em] \dot{l}_2^2 + l_2 \cdot \ddot{l}_2 = (\dot{x}_D - \dot{x}_B) \cdot \dot{x}_D + (x_D - x_B) \cdot \ddot{x}_D + (\dot{y}_D - \dot{y}_B) \cdot \dot{y}_D + \\ \quad + (y_D - y_B) \cdot \ddot{y}_D + (\dot{z}_D - \dot{z}_B) \cdot \dot{z}_D + (z_D - z_B) \cdot \ddot{z}_D \\[2em] \dot{l}_3^2 + l_3 \cdot \ddot{l}_3 = (\dot{x}_E - \dot{x}_B) \cdot \dot{x}_E + (x_E - x_B) \cdot \ddot{x}_E + (\dot{y}_E - \dot{y}_B) \cdot \dot{y}_E + \\ \quad + (y_E - y_B) \cdot \ddot{y}_E + (\dot{z}_E - \dot{z}_B) \cdot \dot{z}_E + (z_E - z_B) \cdot \ddot{z}_E \\[2em] \dot{l}_4^2 + l_4 \cdot \ddot{l}_4 = (\dot{x}_E - \dot{x}_C) \cdot \dot{x}_E + (x_E - x_C) \cdot \ddot{x}_E + (\dot{y}_E - \dot{y}_C) \cdot \dot{y}_E + \\ \quad + (y_E - y_C) \cdot \ddot{y}_E + (\dot{z}_E - \dot{z}_C) \cdot \dot{z}_E + (z_E - z_C) \cdot \ddot{z}_E \\[2em] \dot{l}_5^2 + l_5 \cdot \ddot{l}_5 = (\dot{x}_F - \dot{x}_C) \cdot \dot{x}_F + (x_F - x_C) \cdot \ddot{x}_F + (\dot{y}_F - \dot{y}_C) \cdot \dot{y}_F + \\ \quad + (y_F - y_C) \cdot \ddot{y}_F + (\dot{z}_F - \dot{z}_C) \cdot \dot{z}_F + (z_F - z_C) \cdot \ddot{z}_F \\[2em] \dot{l}_6^2 + l_6 \cdot \ddot{l}_6 = (\dot{x}_F - \dot{x}_A) \cdot \dot{x}_F + (x_F - x_A) \cdot \ddot{x}_F + (\dot{y}_F - \dot{y}_A) \cdot \dot{y}_F + \\ \quad + (y_F - y_A) \cdot \ddot{y}_F + (\dot{z}_F - \dot{z}_A) \cdot \dot{z}_F + (z_F - z_A) \cdot \ddot{z}_F \end{cases} \qquad (103)$$

Din sistemul (103) se explicitează accelerațiile liniare (104) corespunzătoare celor șase picioare mobile, care sprijină și acționează în același timp platforma superioară mobilă DEF.

$$\begin{cases}
\ddot{l}_1 = [(\dot{x}_D - \dot{x}_A) \cdot \dot{x}_D + (x_D - x_A) \cdot \ddot{x}_D + (\dot{y}_D - \dot{y}_A) \cdot \dot{y}_D + \\
\quad + (y_D - y_A) \cdot \ddot{y}_D + (\dot{z}_D - \dot{z}_A) \cdot \dot{z}_D + (z_D - z_A) \cdot \ddot{z}_D - \dot{l}_1^2] / l_1 \\
\\
\ddot{l}_2 = [(\dot{x}_D - \dot{x}_B) \cdot \dot{x}_D + (x_D - x_B) \cdot \ddot{x}_D + (\dot{y}_D - \dot{y}_B) \cdot \dot{y}_D + \\
\quad + (y_D - y_B) \cdot \ddot{y}_D + (\dot{z}_D - \dot{z}_B) \cdot \dot{z}_D + (z_D - z_B) \cdot \ddot{z}_D - \dot{l}_2^2] / l_2 \\
\\
\ddot{l}_3 = [(\dot{x}_E - \dot{x}_B) \cdot \dot{x}_E + (x_E - x_B) \cdot \ddot{x}_E + (\dot{y}_E - \dot{y}_B) \cdot \dot{y}_E + \\
\quad + (y_E - y_B) \cdot \ddot{y}_E + (\dot{z}_E - \dot{z}_B) \cdot \dot{z}_E + (z_E - z_B) \cdot \ddot{z}_E - \dot{l}_3^2] / l_3 \\
\\
\ddot{l}_4 = [(\dot{x}_E - \dot{x}_C) \cdot \dot{x}_E + (x_E - x_C) \cdot \ddot{x}_E + (\dot{y}_E - \dot{y}_C) \cdot \dot{y}_E + \\
\quad + (y_E - y_C) \cdot \ddot{y}_E + (\dot{z}_E - \dot{z}_C) \cdot \dot{z}_E + (z_E - z_C) \cdot \ddot{z}_E - \dot{l}_4^2] / l_4 \\
\\
\ddot{l}_5 = [(\dot{x}_F - \dot{x}_C) \cdot \dot{x}_F + (x_F - x_C) \cdot \ddot{x}_F + (\dot{y}_F - \dot{y}_C) \cdot \dot{y}_F + \\
\quad + (y_F - y_C) \cdot \ddot{y}_F + (\dot{z}_F - \dot{z}_C) \cdot \dot{z}_F + (z_F - z_C) \cdot \ddot{z}_F - \dot{l}_5^2] / l_5 \\
\\
\ddot{l}_6 = [(\dot{x}_F - \dot{x}_A) \cdot \dot{x}_F + (x_F - x_A) \cdot \ddot{x}_F + (\dot{y}_F - \dot{y}_A) \cdot \dot{y}_F + \\
\quad + (y_F - y_A) \cdot \ddot{y}_F + (\dot{z}_F - \dot{z}_A) \cdot \dot{z}_F + (z_F - z_A) \cdot \ddot{z}_F - \dot{l}_6^2] / l_6
\end{cases} \qquad (104)$$

GEOMETRIA ȘI CINEMATICA PLATOULUI MOBIL 7, PRINTR-O METODĂ DE ROTAȚIE MATRICIALĂ

În figura 14 este reprezentat platoul mobil (elementul mobil 7, considerând motoelementele compacte, altfel el este elementul mobil 13), format dintr-un triunghi echilateral DEF cu centrul S. Acestui triunghi îi atașăm un sistem de axe rectangular, mobil, solidar cu platforma, $x_1Sy_1z_1$.

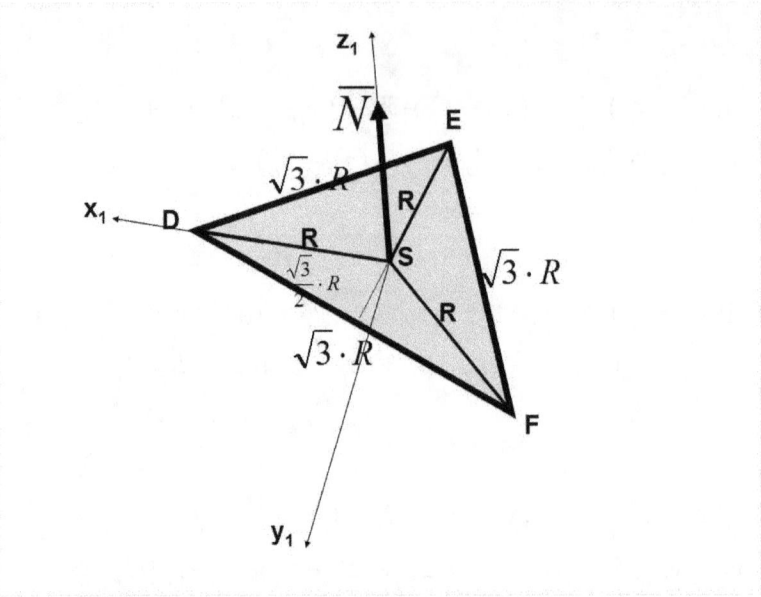

Fig. 14. *Geometria și cinematica platformei mobile 7*

Se cunosc coordonatele vectorului $\overline{N}$ și coordonatele punctului S (în raport cu reperul fix considerat inițial, legat de platforma fixă, considerată bază); cunoaștem deci coordonatele rectangulare ale axei Sz_1, astfel încât se pot calcula pentru început coordonatele axei Sx_1 (relațiile 105), axă determinată de punctele S, D (cunoscute). Se obțin coordonatele vectorului Sx_1. Acestea împreună cu coordonatele punctului S determină axa Sx_1 (105).

$$
\begin{cases}
l_{SD} = \sqrt{(x_D - x_S)^2 + (y_D - y_S)^2 + (z_D - z_S)^2} = \sqrt{R^2} = R \\[2mm]
\alpha_{x_1} = \dfrac{x_D - x_S}{l_{SD}} = \dfrac{x_D - x_S}{R}; \\[2mm]
\beta_{x_1} = \dfrac{y_D - y_S}{l_{SD}} = \dfrac{y_D - y_S}{R}; \\[2mm]
\gamma_{x_1} = \dfrac{z_D - z_S}{l_{SD}} = \dfrac{z_D - z_S}{R}
\end{cases}
\tag{105}
$$

Înșurubând axa $\overrightarrow{Sz_1}$ către (peste) axa $\overrightarrow{Sx_1}$ generăm axa $\overrightarrow{Sy_1}$ (106). Se obțin astfel coordonatele sistemului mobil $x_1Sy_1z_1$ (106).

$$
\left\{
\begin{aligned}
&\overrightarrow{Sy_1} = \overrightarrow{Sz_1} \times \overrightarrow{Sx_1} = \begin{vmatrix} \bar{i} & \bar{j} & \bar{k} \\ \alpha & \beta & \gamma \\ \alpha_{x_1} & \beta_{x_1} & \gamma_{x_1} \end{vmatrix} = \\
&= \left(\beta \cdot \gamma_{x_1} - \beta_{x_1} \cdot \gamma\right) \cdot \bar{i} + \left(\alpha_{x_1} \cdot \gamma - \alpha \cdot \gamma_{x_1}\right) \cdot \bar{j} + \left(\alpha \cdot \beta_{x_1} - \alpha_{x_1} \cdot \beta\right) \cdot \bar{k} = \\
&= \frac{\beta \cdot (z_D - z_S) - \gamma \cdot (y_D - y_S)}{R} \cdot \bar{i} + \frac{\gamma \cdot (x_D - x_S) - \alpha \cdot (z_D - z_S)}{R} \cdot \bar{j} + \\
&+ \frac{\alpha \cdot (y_D - y_S) - \beta \cdot (x_D - x_S)}{R} \cdot \bar{k} = \alpha_{y_1} \cdot \bar{i} + \beta_{y_1} \cdot \bar{j} + \gamma_{y_1} \cdot \bar{k}; \\
&\alpha_{y_1} = \frac{\beta \cdot (z_D - z_S) - \gamma \cdot (y_D - y_S)}{R}; \\
&\beta_{y_1} = \frac{\gamma \cdot (x_D - x_S) - \alpha \cdot (z_D - z_S)}{R}; \quad \Rightarrow [x_1Sy_1z_1] = \begin{vmatrix} \alpha_{x_1} & \beta_{x_1} & \gamma_{x_1} \\ \alpha_{y_1} & \beta_{y_1} & \gamma_{y_1} \\ \alpha & \beta & \gamma \end{vmatrix} \\
&\gamma_{y_1} = \frac{\alpha \cdot (y_D - y_S) - \beta \cdot (x_D - x_S)}{R}; \\
&\alpha_{x_1} = \frac{x_D - x_S}{R}; \quad \alpha_{y_1} = \frac{\beta \cdot (z_D - z_S) - \gamma \cdot (y_D - y_S)}{R}; \quad \alpha_{z_1} = \alpha; \\
&\beta_{x_1} = \frac{y_D - y_S}{R}; \quad \beta_{y_1} = \frac{\gamma \cdot (x_D - x_S) - \alpha \cdot (z_D - z_S)}{R}; \quad \beta_{z_1} = \beta; \\
&\gamma_{x_1} = \frac{z_D - z_S}{R}; \quad \gamma_{y_1} = \frac{\alpha \cdot (y_D - y_S) - \beta \cdot (x_D - x_S)}{R}; \quad \gamma_{z_1} = \gamma
\end{aligned}
\right. \tag{106}
$$

În figura 15 se dă o rotație pozitivă axei $\overrightarrow{Sx_1}$ în jurul axei $\overrightarrow{Sz_1}$ ($\overline{N}$), de unghi φ_1.

Utilizând relațiile ajutătoare (107) se scrie sistemul matricial (108), prin care se determină direct (cu ajutorul rotației matriciale) coordonatele absolute (în reperul cartezian fix) ale unui punct D^1 ce face parte din planul mobil al platoului superior. Acest punct se mișcă pe cercul de rază R și centru S conform rotației impuse de unghiul de rotație φ_1. Coordonatele finale se explicitează sub forma (109).

$$
\begin{cases}
\alpha_{x_1} = \dfrac{x_D - x_S}{R}; \quad \alpha_{y_1} = \dfrac{\beta \cdot (z_D - z_S) - \gamma \cdot (y_D - y_S)}{R}; \quad \alpha_{z_1} = \alpha; \quad x_{1D^1} = R \cdot \cos\varphi_1 \\[2mm]
\beta_{x_1} = \dfrac{y_D - y_S}{R}; \quad \beta_{y_1} = \dfrac{\gamma \cdot (x_D - x_S) - \alpha \cdot (z_D - z_S)}{R}; \quad \beta_{z_1} = \beta; \quad y_{1D^1} = R \cdot \sin\varphi_1 \\[2mm]
\gamma_{x_1} = \dfrac{z_D - z_S}{R}; \quad \gamma_{y_1} = \dfrac{\alpha \cdot (y_D - y_S) - \beta \cdot (x_D - x_S)}{R}; \quad \gamma_{z_1} = \gamma; \quad z_{1D^1} = 0
\end{cases}
\tag{107}
$$

$$
\begin{bmatrix} x_{D^1} \\ y_{D^1} \\ z_{D^1} \end{bmatrix} = \begin{bmatrix} x_S \\ y_S \\ z_S \end{bmatrix} + \begin{vmatrix} \alpha_{x_1} & \beta_{x_1} & \gamma_{x_1} \\ \alpha_{y_1} & \beta_{y_1} & \gamma_{y_1} \\ \alpha_{z_1} & \beta_{z_1} & \gamma_{z_1} \end{vmatrix} \cdot \begin{bmatrix} x_{1D^1} \\ y_{1D^1} \\ z_{1D^1} \end{bmatrix} = \begin{bmatrix} x_S + \alpha_{x_1} \cdot x_{1D^1} + \beta_{x_1} \cdot y_{1D^1} + \gamma_{x_1} \cdot z_{1D^1} \\ y_S + \alpha_{y_1} \cdot x_{1D^1} + \beta_{y_1} \cdot y_{1D^1} + \gamma_{y_1} \cdot z_{1D^1} \\ z_S + \alpha_{z_1} \cdot x_{1D^1} + \beta_{z_1} \cdot y_{1D^1} + \gamma_{z_1} \cdot z_{1D^1} \end{bmatrix} =
\tag{108}
$$

$$
= \begin{bmatrix} x_S + (x_D - x_S) \cdot \cos\varphi_1 + (y_D - y_S) \cdot \sin\varphi_1 \\ y_S + [\beta \cdot (z_D - z_S) - \gamma \cdot (y_D - y_S)] \cdot \cos\varphi_1 + [\gamma \cdot (x_D - x_S) - \alpha \cdot (z_D - z_S)] \cdot \sin\varphi_1 \\ z_S + \alpha \cdot R \cdot \cos\varphi_1 + \beta \cdot R \cdot \sin\varphi_1 \end{bmatrix}
$$

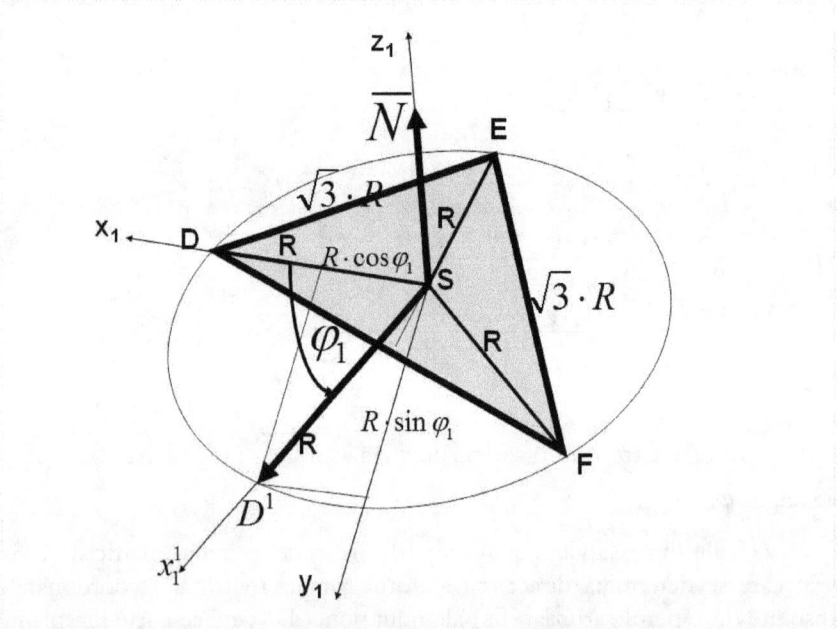

Fig. 15. *Rotația în jurul axei N (în cadrul platformei mobile)*

$$\begin{cases} x_{D^1} = x_S + (x_D - x_S) \cdot \cos\varphi_1 + (y_D - y_S) \cdot \sin\varphi_1 \\ y_{D^1} = y_S + [\beta \cdot (z_D - z_S) - \gamma \cdot (y_D - y_S)]\cos\varphi_1 + [\gamma \cdot (x_D - x_S) - \alpha \cdot (z_D - z_S)]\sin\varphi_1 \\ z_{D^1} = z_S + \alpha \cdot R \cdot \cos\varphi_1 + \beta \cdot R \cdot \sin\varphi_1 \end{cases} \tag{109}$$

Se utilizează metoda rotației matriciale pentru deducerea punctului F (pentru deducerea coordonatelor punctului F). Punctul D se suprapune peste punctul F dacă îi atribuim punctului D o rotație pozitivă de 120⁰ (110-111). Derivăm sistemul (111) și obținem direct vitezele (112) și accelerațiile (113) punctului F.

$$\begin{cases} x_F = x_{D_{120}^1} = x_S + (x_D - x_S) \cdot \cos 120 + (y_D - y_S) \cdot \sin 120 \\ y_F = y_{D_{120}^1} = y_S + [\beta \cdot (z_D - z_S) - \gamma \cdot (y_D - y_S)] \cdot \cos 120 + \\ + [\gamma \cdot (x_D - x_S) - \alpha \cdot (z_D - z_S)] \cdot \sin 120 \\ z_F = z_{D_{120}^1} = z_S + \alpha \cdot R \cdot \cos 120 + \beta \cdot R \cdot \sin 120 \end{cases} \tag{110}$$

$$\begin{cases} x_F = x_S - \dfrac{1}{2} \cdot (x_D - x_S) + \dfrac{\sqrt{3}}{2} \cdot (y_D - y_S) \\[2mm] y_F = y_S - \dfrac{1}{2} \cdot [\beta \cdot (z_D - z_S) - \gamma \cdot (y_D - y_S)] + \\[2mm] + \dfrac{\sqrt{3}}{2} \cdot [\gamma \cdot (x_D - x_S) - \alpha \cdot (z_D - z_S)] \\[2mm] z_F = z_S - \dfrac{1}{2} \cdot R \cdot \alpha + \dfrac{\sqrt{3}}{2} \cdot R \cdot \beta \end{cases} \tag{111}$$

$$\begin{cases} \dot{x}_F = \dot{x}_S - \dfrac{1}{2} \cdot (\dot{x}_D - \dot{x}_S) + \dfrac{\sqrt{3}}{2} \cdot (\dot{y}_D - \dot{y}_S) \\[2mm] \dot{y}_F = \dot{y}_S - \dfrac{1}{2} \cdot [\dot{\beta} \cdot (z_D - z_S) + \beta \cdot (\dot{z}_D - \dot{z}_S) - \dot{\gamma} \cdot (y_D - y_S) - \gamma \cdot (\dot{y}_D - \dot{y}_S)] + \\[2mm] + \dfrac{\sqrt{3}}{2} \cdot [\dot{\gamma} \cdot (x_D - x_S) + \gamma \cdot (\dot{x}_D - \dot{x}_S) - \dot{\alpha} \cdot (z_D - z_S) - \alpha \cdot (\dot{z}_D - \dot{z}_S)] \\[2mm] \dot{z}_F = \dot{z}_S - \dfrac{1}{2} \cdot R \cdot \dot{\alpha} + \dfrac{\sqrt{3}}{2} \cdot R \cdot \dot{\beta} \end{cases} \tag{112}$$

$$\begin{cases}
\ddot{x}_F = \ddot{x}_S - \frac{1}{2}\cdot(\ddot{x}_D - \ddot{x}_S) + \frac{\sqrt{3}}{2}\cdot(\ddot{y}_D - \ddot{y}_S) \\[2ex]
\ddot{y}_F = \ddot{y}_S - \frac{1}{2}\cdot[\ddot{\beta}\cdot(z_D - z_S) + 2\cdot\dot{\beta}\cdot(\dot{z}_D - \dot{z}_S) + \beta\cdot(\ddot{z}_D - \ddot{z}_S) - \\[1ex]
\quad - \ddot{\gamma}\cdot(y_D - y_S) - 2\cdot\dot{\gamma}\cdot(\dot{y}_D - \dot{y}_S) - \gamma\cdot(\ddot{y}_D - \ddot{y}_S)] + \frac{\sqrt{3}}{2}\cdot[\ddot{\gamma}\cdot(x_D - x_S) + \\[1ex]
\quad + 2\cdot\dot{\gamma}\cdot(\dot{x}_D - \dot{x}_S) + \gamma\cdot(\ddot{x}_D - \ddot{x}_S) - \ddot{\alpha}\cdot(z_D - z_S) - 2\cdot\dot{\alpha}\cdot(\dot{z}_D - \dot{z}_S) - \alpha\cdot(\ddot{z}_D - \ddot{z}_S)] \\[2ex]
\ddot{z}_F = \ddot{z}_S - \frac{1}{2}\cdot R\cdot\ddot{\alpha} + \frac{\sqrt{3}}{2}\cdot R\cdot\ddot{\beta}
\end{cases} \quad (113)$$

Pentru determinarea coordonatelor punctului E rotim punctul D cu $\varphi_1 = -120^0$ (114). Prin derivări succesive se determină vitezele (115) şi acceleraţiile (116) punctului E.

$$\begin{cases}
x_E = x_S - \frac{1}{2}\cdot(x_D - x_S) - \frac{\sqrt{3}}{2}\cdot(y_D - y_S) \\[2ex]
y_E = y_S - \frac{1}{2}\cdot[\beta\cdot(z_D - z_S) - \gamma\cdot(y_D - y_S)] - \frac{\sqrt{3}}{2}\cdot[\gamma\cdot(x_D - x_S) - \alpha\cdot(z_D - z_S)] \\[2ex]
z_E = z_S - \frac{1}{2}\cdot R\cdot\alpha - \frac{\sqrt{3}}{2}\cdot R\cdot\beta
\end{cases} \quad (114)$$

$$\begin{cases}
\dot{x}_E = \dot{x}_S - \frac{1}{2}\cdot(\dot{x}_D - \dot{x}_S) - \frac{\sqrt{3}}{2}\cdot(\dot{y}_D - \dot{y}_S) \\[2ex]
\dot{y}_E = \dot{y}_S - \frac{1}{2}\cdot[\dot{\beta}\cdot(z_D - z_S) + \beta\cdot(\dot{z}_D - \dot{z}_S) - \dot{\gamma}\cdot(y_D - y_S) - \gamma\cdot(\dot{y}_D - \dot{y}_S)] - \\[1ex]
\quad - \frac{\sqrt{3}}{2}\cdot[\dot{\gamma}\cdot(x_D - x_S) + \gamma\cdot(\dot{x}_D - \dot{x}_S) - \dot{\alpha}\cdot(z_D - z_S) - \alpha\cdot(\dot{z}_D - \dot{z}_S)] \\[2ex]
\dot{z}_E = \dot{z}_S - \frac{1}{2}\cdot R\cdot\dot{\alpha} - \frac{\sqrt{3}}{2}\cdot R\cdot\dot{\beta}
\end{cases} \quad (115)$$

$$
\begin{cases}
\ddot{x}_E = \ddot{x}_S - \dfrac{1}{2}\cdot(\ddot{x}_D - \ddot{x}_S) - \dfrac{\sqrt{3}}{2}\cdot(\ddot{y}_D - \ddot{y}_S) \\[2ex]
\ddot{y}_E = \ddot{y}_S - \dfrac{1}{2}\cdot[\ddot{\beta}\cdot(z_D - z_S) + 2\cdot\dot{\beta}\cdot(\dot{z}_D - \dot{z}_S) + \beta\cdot(\ddot{z}_D - \ddot{z}_S) - \\[1ex]
\quad -\ddot{\gamma}\cdot(y_D - y_S) - 2\cdot\dot{\gamma}\cdot(\dot{y}_D - \dot{y}_S) - \gamma\cdot(\ddot{y}_D - \ddot{y}_S)] - \dfrac{\sqrt{3}}{2}\cdot[\ddot{\gamma}\cdot(x_D - x_S) + \\[1ex]
\quad +2\cdot\dot{\gamma}\cdot(\dot{x}_D - \dot{x}_S) + \gamma\cdot(\ddot{x}_D - \ddot{x}_S) - \ddot{\alpha}\cdot(z_D - z_S) - 2\cdot\dot{\alpha}\cdot(\dot{z}_D - \dot{z}_S) - \alpha\cdot(\ddot{z}_D - \ddot{z}_S)] \\[2ex]
\ddot{z}_E = \ddot{z}_S - \dfrac{1}{2}\cdot R\cdot\ddot{\alpha} - \dfrac{\sqrt{3}}{2}\cdot R\cdot\ddot{\beta}
\end{cases} \tag{116}
$$

Evident, metoda rotaţiei este mult mai simplă, mai rapidă şi mai directă, decât metoda geometrică (sau alte metode).

Cap 14_Elemente de dinamică la platforma Stewart

În figura 16 se prezintă vectorii unitate (versori) direcționați de-a lungul elementelor 1 respectiv 2, de la bază spre platforma mobilă. Coordonatele vectorilor unitate (versorilor) aparținând moto-elementelor 1-6 (de lungime variabilă) sunt date de sistemul (117).

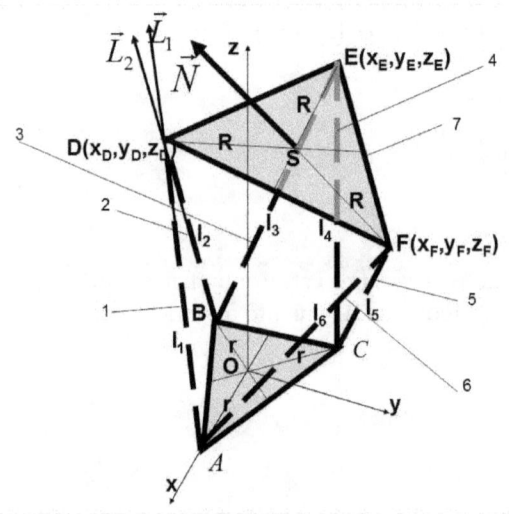

Fig. 16. *Geometria, cinematica și dinamica unei platforme Stewart*

$$
\begin{cases}
\alpha_1 = \dfrac{x_D - x_A}{l_1}; & \beta_1 = \dfrac{y_D - y_A}{l_1}; & \gamma_1 = \dfrac{z_D - z_A}{l_1}; \\[2.5ex]
\alpha_2 = \dfrac{x_D - x_B}{l_2}; & \beta_2 = \dfrac{y_D - y_B}{l_2}; & \gamma_2 = \dfrac{z_D - z_B}{l_2}; \\[2.5ex]
\alpha_3 = \dfrac{x_E - x_B}{l_3}; & \beta_3 = \dfrac{y_E - y_B}{l_3}; & \gamma_3 = \dfrac{z_E - z_B}{l_3}; \\[2.5ex]
\alpha_4 = \dfrac{x_E - x_C}{l_4}; & \beta_4 = \dfrac{y_E - y_C}{l_4}; & \gamma_4 = \dfrac{z_E - z_C}{l_4}; \\[2.5ex]
\alpha_5 = \dfrac{x_F - x_C}{l_5}; & \beta_5 = \dfrac{y_F - y_C}{l_5}; & \gamma_5 = \dfrac{z_F - z_C}{l_5}; \\[2.5ex]
\alpha_6 = \dfrac{x_F - x_A}{l_6}; & \beta_6 = \dfrac{y_F - y_A}{l_6}; & \gamma_6 = \dfrac{z_F - z_A}{l_6};
\end{cases}
\tag{117}
$$

Unde lungimile acestor versori $(\overline{L}_1 - \overline{L}_6)$ sunt date de sistemul (118), iar lungimile efective ale celor şase motoelemente (variabile) se exprimă cu ajutorul sistemului (119).

$$
\begin{cases}
\overline{L}_1 = \alpha_1 \cdot \overline{i} + \beta_1 \cdot \overline{j} + \gamma_1 \cdot \overline{k}; \quad \overline{L}_2 = \alpha_2 \cdot \overline{i} + \beta_2 \cdot \overline{j} + \gamma_2 \cdot \overline{k}; \\[2mm]
\overline{L}_3 = \alpha_3 \cdot \overline{i} + \beta_3 \cdot \overline{j} + \gamma_3 \cdot \overline{k}; \quad \overline{L}_4 = \alpha_4 \cdot \overline{i} + \beta_4 \cdot \overline{j} + \gamma_4 \cdot \overline{k}; \\[2mm]
\overline{L}_5 = \alpha_5 \cdot \overline{i} + \beta_5 \cdot \overline{j} + \gamma_5 \cdot \overline{k}; \quad \overline{L}_6 = \alpha_6 \cdot \overline{i} + \beta_6 \cdot \overline{j} + \gamma_6 \cdot \overline{k}
\end{cases} \tag{118}
$$

$$
\begin{cases}
\overline{l}_1 = l_1 \cdot \overline{L}_1 = \alpha_1 \cdot l_1 \cdot \overline{i} + \beta_1 \cdot l_1 \cdot \overline{j} + \gamma_1 \cdot l_1 \cdot \overline{k}; \\[3mm]
\overline{l}_2 = l_2 \cdot \overline{L}_2 = \alpha_2 \cdot l_2 \cdot \overline{i} + \beta_2 \cdot l_2 \cdot \overline{j} + \gamma_2 \cdot l_2 \cdot \overline{k}; \\[3mm]
\overline{l}_3 = l_3 \cdot \overline{L}_3 = \alpha_3 \cdot l_3 \cdot \overline{i} + \beta_3 \cdot l_3 \cdot \overline{j} + \gamma_3 \cdot l_3 \cdot \overline{k}; \\[3mm]
\overline{l}_4 = l_4 \cdot \overline{L}_4 = \alpha_4 \cdot l_4 \cdot \overline{i} + \beta_4 \cdot l_4 \cdot \overline{j} + \gamma_4 \cdot l_4 \cdot \overline{k}; \\[3mm]
\overline{l}_5 = l_5 \cdot \overline{L}_5 = \alpha_5 \cdot l_5 \cdot \overline{i} + \beta_5 \cdot l_5 \cdot \overline{j} + \gamma_5 \cdot l_5 \cdot \overline{k}; \\[3mm]
\overline{l}_6 = l_6 \cdot \overline{L}_6 = \alpha_6 \cdot l_6 \cdot \overline{i} + \beta_6 \cdot l_6 \cdot \overline{j} + \gamma_6 \cdot l_6 \cdot \overline{k}
\end{cases} \tag{119}
$$

În figura 17 este reprezentat un motoelement (motoelementul 1) într-o poziţie instantanee. Dacă structural un motoelement e constituit din două elemente mobile care translatează relativ, cinematic şi mai ales dinamic este mai convenabil să reprezentăm motoelementul ca fiind un singur element mobil. Avem astfel şapte elemente mobile (cele şase motoelemente sau picioare la care se adaugă platforma mobilă 7) şi unul fix.

Pentru tija 1, se scriu relaţiile (120-123). Lungimea l_1 este variabilă; la fel şi distanţa a_1 care defineşte poziţia centrului de greutate G_1 (dealtfel chiar centrul de greutate G₁ se modifică permanent, chiar dacă masa tijei formată practic din două elemente cinematice aflate în mișcare relativă de translație este practic constantă).

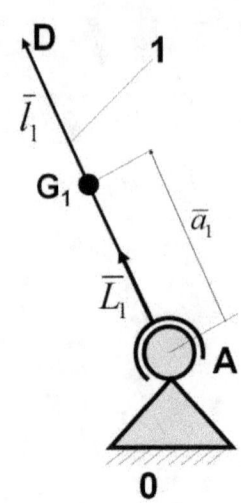

Fig. 17. *Motoelementul 1 al unei platforme Stewart*

$$
\begin{cases}
\alpha_1 \cdot l_1 = x_D - x_A; \quad \dot{\alpha}_1 \cdot l_1 + \alpha_1 \cdot \dot{l}_1 = \dot{x}_D; \quad \dot{\alpha}_1 = \dfrac{\dot{x}_D - \alpha_1 \cdot \dot{l}_1}{l_1}; \\[4mm]
\beta_1 \cdot l_1 = y_D - y_A; \quad \dot{\beta}_1 \cdot l_1 + \beta_1 \cdot \dot{l}_1 = \dot{y}_D; \quad \dot{\beta}_1 = \dfrac{\dot{y}_D - \beta_1 \cdot \dot{l}_1}{l_1}; \\[4mm]
\gamma_1 \cdot l_1 = z_D - z_A; \quad \dot{\gamma}_1 \cdot l_1 + \gamma_1 \cdot \dot{l}_1 = \dot{z}_D; \quad \dot{\gamma}_1 = \dfrac{\dot{z}_D - \gamma_1 \cdot \dot{l}_1}{l_1}
\end{cases}
\tag{120}
$$

$$
\begin{cases}
x_D = x_A + \alpha_1 \cdot l_1; \quad y_D = y_A + \beta_1 \cdot l_1; \quad z_D = z_A + \gamma_1 \cdot l_1; \\[4mm]
x_{G_1} = x_A + \alpha_1 \cdot a_1; \quad y_{G_1} = y_A + \beta_1 \cdot a_1; \quad z_{G_1} = z_A + \gamma_1 \cdot a_1
\end{cases}
\tag{121}
$$

$$\begin{cases} x_{G_1} = \dfrac{a_1 \cdot x_D + (l_1 - a_1) \cdot x_A}{l_1}; \\\\ y_{G_1} = \dfrac{a_1 \cdot y_D + (l_1 - a_1) \cdot y_A}{l_1}; \\\\ z_{G_1} = \dfrac{a_1 \cdot z_D + (l_1 - a_1) \cdot z_A}{l_1} \end{cases} \quad (122)$$

$$\begin{cases} l_1 \cdot x_{G_1} = a_1 \cdot x_D + (l_1 - a_1) \cdot x_A; \dot{l}_1 \cdot x_{G_1} + l_1 \cdot \dot{x}_{G_1} = \\ = \dot{a}_1 \cdot x_D + a_1 \cdot \dot{x}_D + (\dot{l}_1 - \dot{a}_1) \cdot x_A; \\\\ \dot{x}_{G_1} = \dfrac{\dot{a}_1 \cdot x_D + a_1 \cdot \dot{x}_D - \dot{l}_1 \cdot x_{G_1} + (\dot{l}_1 - \dot{a}_1) \cdot x_A}{l_1}; \\\\ \dot{y}_{G_1} = \dfrac{\dot{a}_1 \cdot y_D + a_1 \cdot \dot{y}_D - \dot{l}_1 \cdot y_{G_1} + (\dot{l}_1 - \dot{a}_1) \cdot y_A}{l_1}; \\\\ \dot{z}_{G_1} = \dfrac{\dot{a}_1 \cdot z_D + a_1 \cdot \dot{z}_D - \dot{l}_1 \cdot z_{G_1} + (\dot{l}_1 - \dot{a}_1) \cdot z_A}{l_1} \end{cases} \quad (123)$$

Energia cinetică a mecanismului (relația 124) se scrie ținând cont de faptul că translația centrului de greutate al fiecărui motoelement conține deja și efectul diferitelor rotații. Fiecare motoelement (tijă) va fi studiat ca un singur element cinematic de lungime variabilă, cu masă constantă și cu poziția centrului de greutate variabilă. Mișcarea fiecărui motoelement este una de rotație spațială.

$$
\left\{
\begin{aligned}
E_c &= \frac{m_1}{2} \cdot \left(\dot{x}_{G_1}^2 + \dot{y}_{G_1}^2 + \dot{z}_{G_1}^2 \right) + \frac{m_2}{2} \cdot \left(\dot{x}_{G_2}^2 + \dot{y}_{G_2}^2 + \dot{z}_{G_2}^2 \right) + \frac{m_3}{2} \cdot \left(\dot{x}_{G_3}^2 + \dot{y}_{G_3}^2 + \dot{z}_{G_3}^2 \right) + \\
&+ \frac{m_4}{2} \cdot \left(\dot{x}_{G_4}^2 + \dot{y}_{G_4}^2 + \dot{z}_{G_4}^2 \right) + \frac{m_5}{2} \cdot \left(\dot{x}_{G_5}^2 + \dot{y}_{G_5}^2 + \dot{z}_{G_5}^2 \right) + \frac{m_6}{2} \cdot \left(\dot{x}_{G_6}^2 + \dot{y}_{G_6}^2 + \dot{z}_{G_6}^2 \right) + \\
&+ \frac{m_7}{2} \cdot \left(\dot{x}_S^2 + \dot{y}_S^2 + \dot{z}_S^2 \right) + \frac{J_{7SN}}{2} \cdot \omega_{7SN}^2
\end{aligned}
\right. \tag{124}
$$

După modelul sistemului (123) se determină vitezele centrelor de greutate ale celor şase tije (vezi ecuaţiile 125). Vitezele $\dot{x}_S$, $\dot{y}_S$, $\dot{z}_S$, ω_{7SN} sunt cunoscute. Masele se cântăresc, iar momentul masic (inerţial) după axa N se calculează cu o formulă aproximativă (126).

$$
\left\{
\begin{aligned}
\dot{x}_{G_1} &= \frac{\dot{a}_1 \cdot (x_D - x_A) + a_1 \cdot \dot{x}_D + \dot{l}_1 \cdot (x_A - x_{G_1})}{l_1}; \dot{y}_{G_1} = \frac{\dot{a}_1 \cdot (y_D - y_A) + a_1 \cdot \dot{y}_D + \dot{l}_1 \cdot (y_A - y_{G_1})}{l_1}; \\
\dot{z}_{G_1} &= \frac{\dot{a}_1 \cdot (z_D - z_A) + a_1 \cdot \dot{z}_D + \dot{l}_1 \cdot (z_A - z_{G_1})}{l_1}; \dot{x}_{G_2} = \frac{\dot{a}_2 \cdot (x_D - x_B) + a_2 \cdot \dot{x}_D + \dot{l}_2 \cdot (x_B - x_{G_2})}{l_2} \\
\dot{y}_{G_2} &= \frac{\dot{a}_2 \cdot (y_D - y_B) + a_2 \cdot \dot{y}_D + \dot{l}_2 \cdot (y_B - y_{G_2})}{l_2}; \dot{z}_{G_2} = \frac{\dot{a}_2 \cdot (z_D - z_B) + a_2 \cdot \dot{z}_D + \dot{l}_2 \cdot (z_B - z_{G_2})}{l_2}; \\
\dot{x}_{G_3} &= \frac{\dot{a}_3 \cdot (x_E - x_B) + a_3 \cdot \dot{x}_E + \dot{l}_3 \cdot (x_B - x_{G_3})}{l_3}; \dot{y}_{G_3} = \frac{\dot{a}_3 \cdot (y_E - y_B) + a_3 \cdot \dot{y}_E + \dot{l}_3 \cdot (y_B - y_{G_3})}{l_3}; \\
\dot{z}_{G_3} &= \frac{\dot{a}_3 \cdot (z_E - z_B) + a_3 \cdot \dot{z}_E + \dot{l}_3 \cdot (z_B - z_{G_3})}{l_3}; \dot{x}_{G_4} = \frac{\dot{a}_4 \cdot (x_E - x_C) + a_4 \cdot \dot{x}_E + \dot{l}_4 \cdot (x_C - x_{G_4})}{l_4}; \\
\dot{y}_{G_4} &= \frac{\dot{a}_4 \cdot (y_E - y_C) + a_4 \cdot \dot{y}_E + \dot{l}_4 \cdot (y_C - y_{G_4})}{l_4}; \dot{z}_{G_4} = \frac{\dot{a}_4 \cdot (z_E - z_C) + a_4 \cdot \dot{z}_E + \dot{l}_4 \cdot (z_C - z_{G_4})}{l_4}; \\
\dot{x}_{G_5} &= \frac{\dot{a}_5 \cdot (x_F - x_C) + a_5 \cdot \dot{x}_F + \dot{l}_5 \cdot (x_C - x_{G_5})}{l_5}; \dot{y}_{G_5} = \frac{\dot{a}_5 \cdot (y_F - y_C) + a_5 \cdot \dot{y}_F + \dot{l}_5 \cdot (y_C - y_{G_5})}{l_5}; \\
\dot{z}_{G_5} &= \frac{\dot{a}_5 \cdot (z_F - z_C) + a_5 \cdot \dot{z}_F + \dot{l}_5 \cdot (z_C - z_{G_5})}{l_5}; \dot{x}_{G_6} = \frac{\dot{a}_6 \cdot (x_F - x_A) + a_6 \cdot \dot{x}_F + \dot{l}_6 \cdot (x_A - x_{G_6})}{l_6}; \\
\dot{y}_{G_6} &= \frac{\dot{a}_6 \cdot (y_F - y_A) + a_6 \cdot \dot{y}_F + \dot{l}_6 \cdot (y_A - y_{G_6})}{l_6}; \dot{z}_{G_6} = \frac{\dot{a}_6 \cdot (z_F - z_A) + a_6 \cdot \dot{z}_F + \dot{l}_6 \cdot (z_A - z_{G_6})}{l_6}
\end{aligned}
\right. \tag{125}
$$

$$
\begin{aligned}
J_{7SN} &= \frac{\frac{1}{2} m_p \cdot R_T^2 + \frac{1}{2} m_p \cdot r_T^2}{2} = \frac{m_p}{4} \cdot \left(R_T^2 + r_T^2 \right) = \frac{m_p}{4} \cdot \left[R_T^2 + \left(\frac{1}{2} R_T \right)^2 \right] = \\
&= \frac{m_p}{4} \cdot R_T^2 \cdot \left(1 + \frac{1}{4} \right) = \frac{5}{16} \cdot m_p \cdot R_T^2 = \frac{5}{16} \cdot m_p \cdot R^2
\end{aligned} \tag{126}
$$

Unde m_p reprezintă masa platoului mobil 7 (obţinută prin cântărire).

BIBLIOGRAFIE

1. Antonescu P., Mecanisme și manipulatoare, Editura Printech, Bucharest, 2000, p. 103-104.
2. Adir G., Adir V., RP200 – A Walking Robot inspired from the Living World. Proceedings of the 4th International Conference, Research and Development in Mechanical Industry, RaDMI 2004, Serbia & Montenegro.
3. Angeles J., s.a., An algorithm for inverse dynamics of n-axis general manipulator using Kane's equations, Computers Math. Applic, Vol.17, No.12, 1989.
4. Atkenson C., Chae H.A., Hollerbach J., Estimation of inertial parameters of manipulator load and links, Cambridge, Massachuesetts, MIT Press, 1986.
5. Avallone E.A., Baumeister T., Marks' Standard Handbook for Mechanical Engineers 10th Edition, McGraw-Hill, New York, 1996.
6. Baili M., Classification of 3R Ortogonal positioning manipulators. Technical report, University of Nantes, September 2003.
7. Baron L. and Angeles J., The on-line direct kinematics of parallel manipulators using joint-sensor redundancy. In ARK, Strobl, 29 Juin-4 Juillet, 1998, p. 127-136.
8. I. Bogdanov, Conducerea roboților. Editura Orizonturi Universitare Timisoara, 2009, ISBN 978-973-638-419-6.
9. Borrel P., Liegeois A., A study of manipulator inverse kinematic solutions with application to trajectory planning and workspace determination. In Prod. IEEE Int. Conf. Rob. and Aut., pp. 1180-1185, 1986.
10. Burdick J.W., Kinematic analysis and design of redundant manipulators. PhD Dissertation, Stanford, 1988.
11. C. Caleanu, V. Tiponut, Ivan Bogdanov, I. Lie, Emergent Behaviour Evolution in Collective Autonomous Mobile Robots. WSEAS International Conference on SYSTEMS, Heraklion, Crete Island, Greece, Iulie 22-24, 2008.
12. Carvalho, J.C.M, Ceccarelli, M., A Dynamic Analysis for Casino Parallel Manipulator, Proc. of Tenth World Congress on The Theory of Machines and Mechanisms, Oulul, Finland, 1999, p. 1202-1207.
13. Ceccarelli M., A formulation for the workspace boundary of general n-revolute manipulators. Mechanisms and Machine Theory, Vol. 31, pp. 637-646, 1996.
14. Chen, N-X., Song, S-M., Direct Position Analysis of the 4-6 Stewart Platforms, DE-Vol. 45, Robotics, Spatial Mechanisms and Mecahanical Systems, ASME, 1992, 380-386.
15. Chircor M., Noutăți în cinematica și dinamica roboților industriali, Editura Fundației Andrei Saguna, Constanța, 1997.
16. Choi J-K., Mori, O., Omata, T., Dynamics and stable reconfiguration of self-reconfigurable planar parallel robots, Advanced Robotics, vol. 18, no. 16, 2004, p.565-582 (18).

17. Ciobanu L., Sisteme de roboti celulari- Editura Tehnică, București, 2002.

18. Clavel, R., DELTA, a Fast Robot with Parallel Geometry, Proc. Int. Symposium on Industrial Robots, April 1988, ISBN 0-948507-97-7, p. 91-100.

19. Codourey, A., Contribution a la Commande des Robots Rapides et Precis. Application au robot DELTA a Entrainement Direct, These a l'Ecole Polytechnique Federale de Lausanne, 1991.

20. Cojocaru G., Fr. Kovaci, Roboţii în acţiune, Ed. Facla, Timişoara, 1998.

21. Coman D., Algoritmi Fuzzy pentru conducerea robotilor... Teză de doctorat, Universitatea din Craiova, 2008.

22. Comănescu Adr., Comănescu D., Neagoe A., Fractals models for human body systems simulation. Journal of Biomechanics, 2006, Vol. 39, Suppl. 1, p S431.

23. Craig J., Introduction to Robotics, Mechanics and Control. Stanford University. Addison – Wesley Publishing Company, 1986.

24. Dasgupta, B., Mruthyunjaya, T.S., The Stewart platform manipulator: a review, mechanism and machine Theory 35, 2000, p. 15-40.

25. Davidoviciu A., Drăganoiu Gh., Hoanga A., Modelarea, simularea şi comanda manipulatoarelor şi roboţilor industriali. Editura Tehnică, Bucuresti 1986.

26. De Luca A., Zero dynamics in robotic systems. In C.I. Byrnes and A. Kurzhansky editors, Nonlinear Synthesis, pp. 68-87, Birkhauser, Boston, MA, 1991.

27. Denavit J., McGraw-Hill, Kinematic Syntesis of Linkage, Hartenberg R.SN.Y.1964.

28. Devaquet, G., Brauchli, H., A Simple Mechanical Model for the DELTA-Robot, Robotersysteme, vol. 8, 1992, p. 193-199.

29. Di Gregorio, R., Parenti-Castelli, V., Dynamic Performance Indices for 3-DOF Parallel Manipulators, Advances in Robot Kinematics (J. Lenarcic and F. Thomas -edit), 2002, Kluver Academic Publisher, p. 11-20.

30. Do W.Q.D., Yang, D.C.H. (1988). Inverse dynamic analysis and simulation of a platform type of robot. Journal of Robotic Systems, 5(3), p. 209-227.

31. Dobrescu T., Al. Dorin, Încercarea roboţilor industriali- Editura Bren, Bucureşti, 2003.

32. Dombre E., Wisama Khalil, Modelisation et commande des robots, Editions Hermes, Paris 1988.

33. Dorin Al., Dobrescu T., Bazele cinematicii roboţilor industriali. Editura Bren, Bucureşti, 1998.

34. Doroftei Ioan, Introducere în roboţii păşitori, Editura CERMI, Iaşi 1998.

35. Drimer D., A.Oprea, Al. Dorin, Roboţi industriali şi manipulatoare, Ed. Tehnică 1985.

36. Dumitrescu D., Costin H., Reţele neuronale. Teorie şi aplicaţii. Ed. Teora, Bucureşti, 1996.

37. Faugere, J.C., Lazard, D., The combinatorial classes of parallel manipulators, Mechanism and Machines Theory, 30 (6), 1995, p. 765-776.

38.   Fioretti A., Implementation-oriented kinematics analysis of a 6 dof parallel robotic platform. In 4th IFAC Symp. on Robot Control, Capri, 19-21 Septembre 1994, p. 43-50.

39.   Fong T., Design and Testing of a Stewart Platform Augmented Manipulator for Space Applications. Massachusetts Institute of Technology, Master of Science Thesis, 1990.

40.   Fu, K.S., Gonzales, R.C., Lee, C.S.G., Robotics: Control, Sensing, Vision and Intelligence, McGraw-Hill Book Company, 1987.

41.   Fujimoto, K., a.o., Derivation and analysis of equations of motion for a 6 d.o.f. direct drive wrist joint. In IEEE Int. Workshop on Intelligent Robots and Systems (IROS), Osaka, 1991, p. 779-784.

42.   Geng Z. and Haynes L.S. Six-degree-of-freedom active vibration isolation using a Stewart platform mechanism. J. of Robotic Systems, 10(5), July 1993, p. 725-744.

43.   Gerstmann, U., Der Getriebeeinfluß auf die Arbeits- und Positionsgenauigkeit, Disertation, VDI Verlag, 1991.

44.   Ghelase D., Manipulatoare şi roboţi industriali. Îndrumar de laborator. Facultatea de Inginerie Brăila, 2002.

45.   Ghorbel F., Chetelat O., Longchamp R., A reduced model for constrained rigid bodies with application to parallel robots. In 4th IFAC Symp. on Robot Control, pages 57-62, Capri, September, 19-21, 1994.

46.   Giordano, M., Structure Mechanique des Robots et Manipulateurs en Chaines Complex, Le Point en Robotique, France, vol. 2, 1985.

47.   Goldsmith, P.B., Kinematics and Stiffness of a Simmetrical 3-UPU Translational Parallel Manipulator, Proc. of the 2002 IEEE, International Conference on Robotics &Automation, Washington DC, 2002, p. 4102-4107.

48.   Grecu B., Adir G., The Dynamic Model of Response of DD-DS Fundamental. In the World Congress on the Theory of Machines and Mechanisms, Oulu, Finland, 1999.

49.   Grosu D., Contribuţii la studiul sistemelor robotizate aplicate în tehnica de blindate, teză de doctorat, Academia Tehnică Militară, Bucureşti, 2001.

50.   Grotjahn, M., Heimann, B., Abdellatif,H., Identification of Friction and Rigid-Body Dynamics of parallel Kinematic structures for Model-based Control, Multibody system Dynamics, vol. 11, no.3, 2004, p. 273-294 (22).

51.   Guegan, S., Khalil, W., Dynamic Modeling of the Orthoglide, Advances in Robot Kinematics (J. Lenarcic and F. Thomas -eds), Kluver Academic Publisher, 2002, p. 287-396.

52.   Guglielmetti, P., Longchamp, R., A Closed Form Inverse Dynamics Model of the DELTA Parallel Robot, Symposium on Robot Control, Capri, Italia, 1994, p. 51-56.

53.   Guilin Yangt - Design and Kinematic Analysis of Modular Reconfigurable Parallel Robots, International Conference on Robotics & Automation, Detroit, Michigan, 1999.

54.   Hale, Layon C., Principles and Techniques for Designing Precision Machines. UCRL-LR-133066, Lawrence National Laboratory, 1999.

55.   Handra-Luca, V., Brisan, C., Bara, M., Brad, S., Introducere în modelarea roboţilor cu topologie specială, Ed. Dacia, Cluj-Napoca, 2003, 218 pg.

56. Hartemberg R.S. and J.Denavit, A kinematic notation for lower pair mechanisms, J. appl.Mech. 22,215-221 (1955).

57. Hasegawa, Matsushita, Kanedo, On the study of standardisation and symbol related to industrial robot in Japan, Industrial Robot Sept.1980.

58. Hayes, M.J.D., Husty, M.L., Zsombor-Murray, P.J., Solving the Forward Kinematics of a Planar Three-Legged Platform with Holonomic Higher Pairs, Transactions of the ASME, Vol. 121, June 1999, p. 212-219.

59. Hesselbach, J., Plitea, N., Kerle, H., Frindt, M., Bewegungsvorrichtung mit Parallelstruktur, Patentschrift DE 198 40 886 C2, 13.03.2003, Deutsches Patent –und Markenamt, Bundesrepublik Deutschland.

60. Hockey, The Method of Dynamically Similar Systems Applied to the Distribution of Mass in Spatial Mechanisms, Jnl. Mechanisms Volume 5, Pergamon Press, 1970, p. 169-180.

61. Hollerbach J.M., Wrist-partitioned inverse kinematic accelerations and manipulator dynamics, International Journal of Robotic Research 2, 61-76 (1983).

62. Huang, M.Z., Ling, S.-H., Sheng, Y., A Study of Velocity Kinematics for Hybrid manipulators with Parallel-Series Configurations, IEEE, Vol. I, 1993, p. 456-460.

63. Hudgens, J.C., Tesar, D., A Fully-Parallel Six Degrees-of Freedom Micromanipulator: Kinematic Analysis and Dynamic Model, Proceedings of the 5th International Conference on Advanced Robotics (ICAR), 1991, p. 814-820.

64. Husty, M.L., An Algorithm for Solving the Direct Kinematics of General Stewart-Gough Platforms, Mechanism and Machine Theory, Vol. 32, No. 4., p. 365-379.

65. Ion I., Ocnărescu C., Using the MERO-7A Robot in the Fabrication Process for Disk Type Pieces. In CITAF 2001, Tom 42, Bucharest, Romania, pp. 345-351.

66. Ispas V., Aplicaţiile cinematicii în construcţia manipulatoarelor şi a roboţilor industriali, Ed. Academiei Române 1990.

67. Ivănescu M., Roboţi industriali. Editura Universităţii Craiova 1994.

68. Ji, Z., Dynamic decomposition for Stewart platform. ASME J. of Mechanical Design, 116 (1), 1994, p. 67-69.

69. Jo, D.,Y., Workspace Analysis of Multibody Mechanical Systems Using Continuation Methods, Journal of Mechanisms, Transmissions and Automation in Design, vol. 111, 1989, p. 581-589.

70. N. Joni, A. Dobra, M. Nitulescu, Actual Distribution and Midterm Development Prognosis of Industrial Robots in Romania. Lucrarile conferintei RAAD 2009, 25-27 Mai, Brasov, pag.107.

71. Kane T.R., D.A. Levinson, The use of Kane's dynamic equations in robotics, International Journal of Robotic Research, Nr. 2/1983.

72. Kazerounian K., Gupta K.C., Manipulator dynamics using the extended zero reference position description, IEEE Journal of Robotic and Automation RA-2/1986.

73. Kerle, H., Krefft, M., Hesselbach, J., Plitea, N., Vorschubeinrichtung für Werkzeugmaschinen, Patentanschrift, Bundesrepublik Deutschland, deutsches Patent- und markenamt, DE 102 30 287 B3 2004.01.08,

Anmeldetag 05.07.2002, Veröffelntichungstag der Patentverteilung, 08.01.2004 (patent Nr. 102.287.1-14).

74.   Khalil W. - J.F.Kleinfinger and M.Gautier, Reducing the computational burden of the dynamic model of robots, Proc. IEEE Conf.Robotics ana Automation, San Francisco, Vol.1, 1986.

75.   Kim, H.S., Tsai, L-W., Kinematic Synthesis of Spatial 3-RPS Parallel Manipulators, DETC'02, ASME 2002 Design Engineering Technical Conferences and Computers and Information in Engineering Conference, Canada, 2002, p. 1-8.

76.   Kohli D., Hsu M.S., The Jacobian analysis of workspaces of mechanical manipulators. Mechanisms and Machine Theory, Vol. 22(3), pp. 265-275, 1987.

77.   Kovacs Fr, C. Rădulescu, Roboţi industriali, Universitatea Timişoara, 1992.

78.   Krockenberger O., Industrial robots for the automotive industry, SAE journal, nr. 6/1998.

79.   Kyriakopoulos K. J. and G.N.Saridis - Minimum distance estimation and collision prediction under uncertainty for on line robotic motion planning, International Journal of Robotic Research 3/1986.

80.   Lebret, G., Liu, K., Lewis, F.L., Dynamic Analysis and Control of a Stewart Platform Manipulator, Journal of Robotic Systems 10(5), 1993, 629-655.

81.   Lee, W.H., Sanderson, A.C., Dynamic Analysis and Distributed Control of the Tetrarobot Modular Reconfigurable Robotic System, Autonomous Systems, vol.10, no.1, 2001, p.67-82 (16).

82.   Li, D., Salcudean, T., Modeling, simulation and control of hydraulic Stewart platform. In IEEE Int. Conf. on Robotics and Automation, Albuquerque, 1997, p. 3360-3366.

83.   Liegeois, A., Fournier, A., Utilisation des Equations de Lagrange pour la Commande en Temps Reel d'un Robot de Peinture et de Manutention. Contract RNUR/LAM, Montpellier, France, 1979.

84.   Liu, X-J., Kim, J., A New Three-Degree-of-Freedom Parallel Manipulator, Proc. of the IEEE International Conference on Robotics6Automation, 1155-1160, 2002.

85.   Lorell K., et al, Design and preliminary test of precision segment positioning actuator for the California Extremely Large Telescope. Proceedings of the SPIE, Volume 4840, pp. 471-484, 2003.

86.   Luh J.S.Y., Walker M.W., Paul R.P.C., Online computational scheme for mechanical manipulators, Journal of Dynamic Systems Measures and Control 102/1980.

87.   Ma O., Dynamics of serial - typen-axis robotic manipulators, Thesis, Department of Mechanical Engineering, McGill University, Montreal,1987.

88.   I. Maniu, S. Varga, C. Radulescu, V. Dolga, I. Bogdanov, V. Ciupe – Robotica. Aplicatii robotizate, Ed.Politehnica, Timisoara 2009, ISBN 978-973-625-842-8.

89.   McCallion, H., Truong, P. D., The Analysis of a Six-Degree-of-Freedom Work Station for Mechanised Assembly, Proceedings of the Fifth World Congress on Theory of Machines and Mechanisms, Montreal, 1979.

90.   Merlet, J.-P., Parallel robots, Kluver Academic Publisher, 2000.
91.   Miller, K., Optimal Design and Modeling of Spatial Manipulators, The International Journal of Robotics research, vol.23, 2004, p. 127-140 (14).
92.   Minotti, P., Decouplage Dynamique des Manipulateurs. Prepositions de Solutions Mecaniques, Mech. Mach. Theory, vol 26, nr.1, 1991, p 107-122.
93.   Mitrea M., Asigurarea calității în fabricația de autovehicule militare, Editura Academiei Tehnice Militare, București, 1997.
94.   Moise V., ș.a., Metode numerice. Ed. Printech, București, 2007.
95.   Moldovan L. – Automatizari in construcția de mașini. Roboți industriali vol. 1 Mecanica. Universitatea Tehnică Tg-Mures 1995.
96.   Monkam G., Parallel robots take gold in Barcelona, Industrial Robot, 4/1992.
97.   Neacșa M., Tempea I., Asupra eficienței bazelor de date a mecanismelor în diferite faze de asimilare. Revista Construcția de mașini, nr. 7, București, 1998.
98.   Neagoe, M., Diaconescu, D.V., șa., On a New Cycloidal Planetary Gear used to Fit Mechatronic Systems of RES. OPTIM 2008. Proceedings of the 11th International Conference on Optimization of Electrical and Electronic Equipment. Vol. II-B. Renewable Energy Conversion and Control. May 22-23.08, Brașov, pp. 439-449, IEEE Catalog Number 08EX1996. ISBN 987-973-131-028-2 (ISI).
99.   Nguyen, C.C. a.o., Dynamic analysis of a 6 d.o.f. CKCM robot end effector for dual-arm telerobot systems. Robotics and Autonomous Systems, 5, 1989, p. 377-394.
100. Nitulescu M., Solutions for Modeling and Control in Mobile Robotics, In Journal of Control Engineering and Applied Informatics, Vol. 9, No 3-4, 2007, pp. 43-50.
101. Ocnărescu C., The Kinematic and Dynamics Parameters Monitoring of Didactic Serial Manipulator, Proceedings of International Conference of Advanced Manufacturing Technologies, ICAMaT 2007, Sibiu, pp. 223-228.
102. Olaru A., Dinamica roboților industriali, Reprografia Universității Politehnice București, 1994.
103. Omri J.El., Kinematic analysis of robotic manipulators. PhD Thesis, University of Nantes, 1996 (in french).
104. Pandrea N., Determinarea spațiului de lucru al roboților industriali, Simpozion National de Roboți Industriali, București 1981.
105. Papadopoulous E., Path planning for space manipulators exhibiting nonholonomic behavior. Proceedings of the IEEE/RSJ Int. Workshop on Intelligent Robots Systems, pp. 669-675, 1992.
106. Parenti C.V., Innocenti C., Position Analysis of Robot Manipulators: Regions and Subregions. In Proc. of International Conf. on Advances in Robot Kunematics, pp. 150-158, 1988.
107. Paul R.P., Robot manipulators, Mathemetics Programing and Control, MIT Press 1981.
108. Păunescu T., Celule flexibile de prelucrare, Editura Universității "Transilvania" Brașov, 1998.
109. Petrescu F.I., Grecu B., Comănescu Adr., Petrescu R.V., Some Mechanical Design Elements, Proceedings of International Conference

Computational Mechanics and Virtual Engineering, COMEC 2009, October 2009, Braşov, Romania, pp. 520-525.

110. Pierrot, F., Dauchez, P., Uchiyama, M., Iimura, K., Toyama, O., Unno, K., HEXA: a Fully-Parallel 6 DOF Japanese-French robot, 1er Congres Franco-Japonais de Mecatronique, Besancon, 20-22 oct. 1992, p.1-8.

111. Plitea, N., Hesselbach, J., Frindt, Kusiek,A., Bewegungsvorrichtung mit Parallelstruktur. Patentschrift DE 197 57 133 C1, Deutsches Patentamt, München, erteilt 29.07.1999 (angemeldet am 20.12.1997).

112. Pooran, F.J., Dynamics and Control of robot manipulators with closed-kinematic chain mechanism. Ph.D Thesis, Washington D.C., 1989.

113. Powell I.L., B.A.Miere, The kinematic analysis and simulation of the parallel topology manipulator, The Marconi Review, 1982.

114. Raghavan, M., Roth, B., Solving polynomial systems for the kinematics analysis of mechanisms and robot manipulators, ASME J. of Mechanical Design, 117 (2), 1995, p.71-79.

115. Reboulet, C., Pigeyre, R., Hybrid Control of a 6 d.o.f. in parallel actuated micromanipulator mounted on a SCARA robot, Int J. of Robotics and Automation, 7 (1), 1992, p. 10-14.

116. Renaud M., Quasi-minimal computation of the dynamic model of a robot manipulator utilising the Newton-Euler formulism and the notion of augmented body. Proc. IEEE Conf. Robotics Automn Raleigh, Vol.3, 1987.

117. Riesler, H., Zur Berechnung geschlossener Lösungen des inversen kinematischen Problems, Fortschritte der Robotik, 16, Vieweg, 1992.

118. Rong, H., Liang, C.,G., A Direct Displacement Solution to the Triangle-Platform 6-SPS Parallel Manipulator, 8th Congres on the Theory of Machines and Mechanisms, Prague, Cehoslovacia, 1991, p. 1237-1239.

119. Seeger G., Self-tuning of commercial manipulator based on an inverse dynamic model, J.Robotics Syst. 2 / 1990.

120. Sefrioui, J. and Gosselin, C.M., Étude et reprézentation des lieux de singularité des manipulateurs parallèles spheriques à trois degrés de liberté avec actionneurs prismatiques, in Mech. Mach. Theory Vol. 29, No.4, 1994, p. 559-579.

121. Seyferth, W. (1972), Dynamische und kinetostatische Analyse eines räumlichen Getriebes unter Verwendung von Ersatzmassen, PhD. Thesis, TU Braunschweig.

122. Shi, X., Fenton, R., G., Structural Instabilities in Platform-Type Parallel Manipulators due to Singular Configurations, DE-Vol.45, Robotics, Spatial Mechanisms and Mechanical Systems, ASME, 1992.

123. Simionescu I., Ion I., Ciupitu Liviu, Mecanismele roboţilor industriali. Vol. I, Ed. AGIR, Bucureşti, 2008.

124. Smith S.T., Chetwynd D.G., Foundations of Ultraprecision Mechanism Design. Gordon and Breach Science Publishers, Switzerland, 1992.

125. Stareţu I., Proiectarea creativă în concepţie modulară a mecanismelor de prehensiune cu bacuri pentru roboţii industriali. Teză de doctorat, Universitatea Transilvania din Braşov, 1995.

126. Stănescu A., Dumitrache I., Inteligenţa artificiala şi robotica, Ed.Academiei, Bucureşti 1983.

127. Sturm, A.J., Erdman, A.G., Wang, S.H., Design and Analysis of an Industrial 3P3R Robot, ASME Paper 82-DET-32, 1982.

128. Tabără I., Martineac A., The influence of the revolute real axes deviations on the position accuracy of a robot with parallel rotational axes. Proceedings of SYROM 2001, Bucharest, Romania, Vol. II, pp. 315-320.

129. Tadokorro, S., Control of parallel mechanisms. Advanced Robotics, 8 (6), 1994, p. 559-571.

130. Tahmasebi, F., Tsai, L-W., Jacobian and Stiffness Analysis of a Novel Class of Six-dof Parallel Minimanipulators, DE-Vol.47, Flexible Mechanisms, Dynamics and Analysis, ASME, 1992, p. 95-102.

131. Tamio Arai, Hisashi Osumi, Three wire suspension robot, Industrial Robot, 4/1992.

132. Tabacaru V., Sisteme flexibile de fabricaţie. Vol. I Roboţi industriali şi manipulatoare. Universitatea "Dunarea de Jos" Galaţi, 1995.

133. Trif N., Automatizarea proceselor de sudare, Editura Lux Libris, Braşov, 1996.

134. Tsai L-W. Solving the inverse dynamics of a Stewart-Gough manipulator by the principle of virtual work. ASME J. of Mechanical Design, 122(1), Mars 2000, p. 3-9.

135. Vazquez, F., Marin, R., Trillo, J. L., Garrido, J., Object Oriented Modeling, Design & Simulation of Industrial Autonomous Mobile Robots, EURISCON, 1994, p. 361-371.

136. Vukobratovic M., Applied dynamics of manipulation robots, New York, 1989.

137. Walker, M., W., Orin, D.E., Efficient Dynamic Computer Simulation of Robotic Mechanisms, Journal of Dynamic Systems, Measurement and Control, vol 104; 1982, p 205-211.

138. Wampler, C,W., Forward displacement analysis of general six-in parallel SPS (Stewart) platform manipulators using some coordinates. Mechanism and Machine Theory, 31 (3), 1996, p. 331-337.

139. Wang J. et Gosselin C.M. A new approach for the dynamic analysis of parallel manipulators. Multibody System Dynamics, 2(3), Septembre 1998, p. 317-334.

140. Wu, Y., Gosselin, C., On the Synthesis on a Reactionless 6-DOF Parallel Mechanism using Planar Four-Bar Linkages, Proc. of the Workshop on Fundamentals Issues and Future Research Directions for Parallel mechanism and Manipulators, Canada, 2002, p. 310-316.

141. Yang, K-H., Park, Y-S., Dynamic Stability Analysis of a Flexible Four-Bar Mechanism and its Experimental Investigation, Mech. Mach. Theory, Vol. 33, No. 3, 1998, p. 307-320.

142. Zhang C., Song S-M., Forward Position Analysis of Nearly General Stewart Platforms, ASME Robotics, Spatial Mechanisms and Mechanical Systems, DE-Vol 15, 1992, p. 81-87.

143. Zlatanov, D., Dai, M.,Q., Fenton, R., G., Benhabib, B., Mechanical Design and Kinematic Analysis of a Three-Legged Six Degree-of-Freedom Parallel Manipulator, De- Vol. 45, Robotics, Spatial Mechanisms and Mechanical Systems, ASME, 1992, p. 529-536.

See you soon!